もっと知りたい科学入門

すごく面白くてとてもよくわかる生物・化学・物理

著
アレックス・フリス
ヘイゼル・マスケル
リサ・ジェーン・ジルスピー
ケイト・デイヴィス

絵
アダム・ラーカム

日本語版監修
左巻健男

東京書籍

本書をお読みになるみなさんへ

　本書は、理科・科学好きな 10 代の人たちに向けた、科学の世界をより深く知ってもらうための本です。イギリスで発行された本書（原書タイトル *What's Science all about?*）を、日本の読者のみなさんに読みやすいようにと監修しました。

　本書は、次のような問いに、たくさんのユーモラスなイラストとともに答えています。

・科学は何を明らかにしてきたのか？

・科学者は何をする人か？

・科学は私たちの生活とどう関係しているのか？

・生物学の基本的な内容は何か？

・化学の基本的な内容は何か？

・物理学の基本的な内容は何か？

　私は、理科教育・科学教育の専門家として、まさにこのような問いに答えようと教育や研究をしてきました。もともとは中学校・高等学校の理科教諭。その後、大学の教員として小・中・高の理科教育、一般の人の科学リテラシーの育成を専門にしてきました。

　私は、これまでに、小学生・中学生・高校生向けや一般の人向けに、おもしろくてやさしい科学の本を書いてきました。そのとき、私の頭の

片隅にあったのは、「科学を文化の一つとして楽しもう」ということです。音楽、演劇、映画、アニメ、漫画などを楽しむように、科学も楽しめるのではないかという意識改革です。

　自然は、おもしろいことに満ちています。科学は、自然の不思議いっぱい、ドラマいっぱいの世界を少しずつ解明してきました。自然の世界の扉を少しずつ開いています。まだまだわからないこともたくさんありますが、わかってきたこともたくさんあります。

　科学を楽しむとは、科学を学ぶことです。自然を見るポイントを知り、自然にはたらきかける力を理解すれば、何げない周囲の自然を見るときにそれが生かされます。そして、目には見えないミクロの世界から、宇宙のようなマクロの世界まで、科学に裏づけられた想像の世界にはばたいていけるようになります。

　本書で取り上げている内容には小・中学生には高度なものもふくまれています。それでも、科学のおもしろさがわかるには、ちょっと背伸びをするくらいがよいのです。内容がわかるよりも、まずは"おもしろがる"ことが大切です。「へえ、そうなのか」「ふーん、なるほどなぁ」「それは、こんな場合にもあてはまるのかなぁ」のように、おもしろがって学ぶことです。

　ぜひ本書が投げかける問いを楽しみながら、みなさん一人一人の答えを探っていくことを期待しています。

監修者　左巻　健男

科学について

火ってなんだろう？ ものはどうして下に落ちるの？ 生きているものと、そうじゃないものはなにが違うの？ って思ったことはありませんか。

科学者もそんな疑問や、もっとたくさんの不思議について考えてきました。そして科学の助けを借りて、その答えを見つけてきました。知らない世界をじっくりと観察したり、ふとひらめいた新しい考えを確かめたりしたりして、なぞを探ってきました。それでも世界にはわからないことがまだまだたくさんあります。

科学とは、これまでに科学者が集めてきた知識のすべてです。科学は大きく3つの分野、生物学、化学、物理学に分けられます。

本書の使い方

『もっと知りたい科学入門——すごく面白くてとてもよくわかる生物・化学・物理』は、イギリスで制作・出版された科学入門書が原本となっています。そのため、本書で扱う内容が、日本の学校教育における、理科・科学（本書では、生物、化学、物理）の範囲・領域、段階とは必ずしも一致しない、もしくは対応していない場合があります。でも、自然界の仕組みを探究したい、宇宙の謎を解明したいという、「もっと知りたい」という気持ちには国を隔てる壁はありません。また本書には、実験や工作など自分の手を動かして科学的事実を確かめることができる事例もたくさん掲載されていますので、どんどん試してみてください。ただし、自然物、火、薬品、刃物、壊れやすい物などを扱う場合、または生き物や体の部位を観察する場合には、安全性と倫理観に十分ご留意いただき、できれば保護者や先生、大人の方と一緒に、配慮をもって取り組んでくださるようにお願いします。

目次

7〜93　**すごく面白くてとてもよくわかる生物**

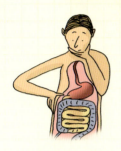

生物学は生命について研究する学問です。植物や動物や、見えないくらい小さな生物の生命がどのようなもので、どんなしくみでできていて、どこからきたのかといったなぞを探ります。また、こういった、さまざまな姿の生物が地球の上でどのようにいっしょに暮らしているのかについても研究をします。

95〜181　**すごく面白くてとてもよくわかる化学**

化学は世界をつくる物質について研究する学問です。物質と物質を比べて似ているところや違っているところを確かめたり、物質どうしの反応を調べたりします。また、想像することもできないくらい小さな粒子の世界にまで入り込んで、物質はなにでできているのかというなぞにも迫ります。

183〜269　**すごく面白くてとてもよくわかる物理**

物理学はあらゆるものを支配している決まり（法則）を研究する学問です。本を読めるのは光がどんなはたらきをしているからだろうか、ものが動くときにはなにが起こっているのだろうか、どうして地面に足をつけていられるのだろうか、といった私たちのまわりで気づかないうちに起こっている、ありとあらゆることを探ります。

270〜277　科学について、もう少し
278〜282　用語解説

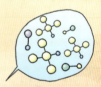
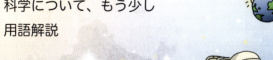
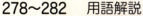

すごく面白くて とても よくわかる生物

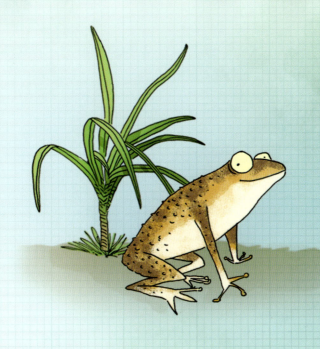

目次

はじめに
- 10 　生物学ってなにをするの？
- 12 　生物学者ってなにをする人？

パート1　生物ってなんだろう？

- 16 　生きているものと、そうでないもの、どうやって区別するの？
- 18 　生物をどうやってグループに分けるの？
- 24 　生物はなにでできているの？
- 30 　小さな生物にはなにがいるの？
- 34 　優れた薬の発見

パート2　ヒトの体ってどんなしくみなの？
- 38 　骨格と運動
- 40 　脳と神経
- 42 　世界を感じる5つの方法
- 44 　体のエネルギー源
- 48 　血液の流れ
- 50 　生命の誕生
- 54 　ほかの動物はどうしているの？

パート3　植物はどんなしくみなの？

- 60 　植物はどこでどうやって育つの？
- 62 　葉ってなにをしてるの？
- 64 　根から水分や養分を吸収する
- 66 　植物はどうやってふえるの？

パート4　生命はどこからきたの？

72　生命はどんなふうに誕生したの？
74　生命の歴史 ─── 誕生から現在まで
78　新しい種はどんなふうに誕生するの？
81　人類の進化

パート5　地球上の生命

84　生活する場所に適応する
88　食べるものと食べられるものにはどんな関係があるの？
90　人が引き起こす問題とは？
92　生物学のたどってきた道のり

実験や工作について

自然物、火、薬品、刃物、壊れやすい物などを扱う場合、
または生き物や体の部位を観察する場合には、
安全性と倫理観に十分ご留意いただき、
できれば保護者や先生、大人の方と一緒に、
配慮をもって取り組んでくださるように
お願いします。

はじめに

生物学ってなにをするの？

生物学では生きているものすべてを研究します。生物ってなんだろう、どんなしくみで生きてるんだろう、なぜそんなことをするんだろう、といった不思議について調べます。また、ものすごく大きな植物や動物も、見えないくらい小さな生物も、生物ならなんでも調べます。地球上に生物が初めて現れてから長い年月をかけてどのように変わってきたのか、そして今、世界中でたくさんの生物がどんなふうにかかわり合って生きているのかなどについても研究します。

生物ってなんだろう？

たとえば、顕微鏡(けんびきょう)がなくても、目の前にいるものが生きているかどうかはすぐにわかります。ところが生物学者が研究するものの中には、生きているようにも、そうでないようにも見える小さくて奇妙なものもいます。こういった奇妙なものが生物なのか、そうでないのかは生物学者によって意見が分かれることがあります。

生物の大きさ

生物の大きさはいろいろだ。顕微鏡を使わないと見えないくらい小さなものも、とてつもなく大きなものもいる。シロナガスクジラは、16人の人が縦にずらっと並んだ長さと同じくらい長い。

大きな生物の中でも世界最大級のものは、北アメリカに生えている巨大なキノコ。地上ではキノコがあちこちに生えているだけのように見えるのだが、地面の下では何キロメートルにもわたってつながっている。

ビーカーにくんだ海水の中には数え切れないくらい、たくさんの種類の生物がいる。

これは実物を数千倍に拡大したミドリゾウリムシの写真。実物は顕微鏡を使わないと見えない。ミドリゾウリムシはよどんだ池にすんでいる。

ミドリゾウリムシの体の中には緑色の球状の小さな生物（クロレラ）がすんでいる。この生物はすまわせてもらうお返しに、ミドリゾウリムシに食べ物を与える。

どんなしくみで生きているの?

どの生物の体でも同じように起こっていることがあります。くわしく調べていくと、生物をつくっている、DNA(デオキシリボ核酸)という物質にたどり着きます。生物学者はDNAを研究して、生物の体のしくみを探ります。

生物はどこから現れたの?

生物の歴史をつなぎ合わせるために、古代の生物の化石も研究します。35億年以上も前の化石も発見されています。最初の生物がどのようにして生まれたのかはだれにもわかりませんが、生物学者はそのなぞに挑戦しています。

どこにすんでいるの?

生物は地球上のほとんどの場所にすんでいます。暑くて湿気の多い地域には何百万という生物がひしめき合って生きています。寒い地域や乾燥した地域にもたいていいます。地球以外の惑星に生物がいるかどうかは、まだわかっていません。

これがDNAという、鎖のような形をした物質。DNAはどんな生物になるかが書き込まれた設計図のようなもの。

ヒトとは?

ヒトは特別だと思っていないかな? 生物学者によると、ヒトは特別なものではなく、動物の一種なんだそうだ。

南極大陸は地球上で1、2を争うくらい寒い場所だけれども、コウテイペンギンはここで暮らし、子を育てている。

はじめに

生物学者ってなにをする人？

生物学全体ではじつにさまざまなことを研究していますが、生物学者によって研究している題材は違います。たとえば、こんな生物学者がいます……

植物の成長のしかたや、生えている様子を研究する植物学者。

顕微鏡を使わないと見えないくらい小さな生物を研究する微生物学者。

ありとあらゆる動物を研究する動物学者。

生物の形や特徴を決めている遺伝暗号を研究する遺伝学者。

人よりもずっと昔に生きていた生物が残した化石を研究する古生物学者。

いろいろな生物がかかわり合いながら生きている様子を研究する生態学者。

海の生物を研究する海洋生物学者。

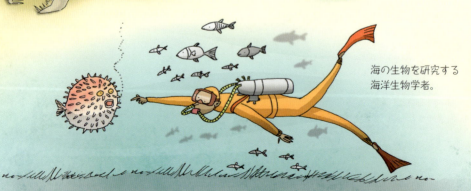

はじめに

生物学のおかげでどんなことがわかったの？

「生物学」という名前がつけられるずっと前から、人は生物を研究していました。昔からの発見がいくつも積み重なって、現在の私たちは安全に、より長く、より健康的に過ごせています。たとえば……

消毒をしっかりすれば病原菌による感染を防げることが実験で証明された。それ以来、病院はとても安全になった。

病気や体のしくみを研究して、新しい薬やワクチンが次々とつくられている。また、難しい手術もできるようになってきた。

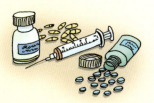

ルイ・パスツール（1822～1895年）：フランスの科学者。炭疽病と狂犬病のワクチンを世界で初めてつくった。また、食べ物や飲み物に火を通して病原菌を殺す方法も見つけた。この方法は低温殺菌（パスツーリゼーション）とよばれている。

ジョセフ・リスター（1827～1912年）：スコットランド（イギリス）の医師。傷口の感染は病原菌が起こすことを発見し、殺菌効果のある消毒薬をつくって病院での感染を減らした。

食べ物を長い間安全に保存できるのも、病原菌の混ざらない保存方法を見つけたから。

病原菌を取り除く方法が考え出され、安心して水を飲めるようになった。

私たちの体をつくる遺伝子の研究が進むと、将来、病気の治療が大きく進歩するだろう。

動物や植物が生きている環境を研究して、絶滅の危機にある生物を守っている。

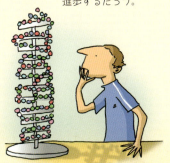

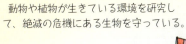

14

赤血球は、どんなはた
らきをしているの？

神経細胞はどう
して受話器みた
いな形なの？

胃は何でできてい
るの？

この管にはどんなは
たらきがあるの？

パート1
生物ってなんだろう？

植物細胞

地球は数え切れないほどたくさんの生物であふれかえっています。巨大なクジラもいれば、見えないくらい小さな微生物もいます。生物を研究するとき、生物学ではまず生きているものと、生きていないものの違いをはっきりさせます。それから生物をグループに分けて、似ている点や違っている点を調べます。そして生物のしくみを知るために、生物をつくっている細胞という小さな基本の構造を調べます。

生きているものと、そうでないもの、どうやって区別するの？

サルとダニとキノコ、どこが似ていると思いますか？ これらの生物をじっくり観察しても、外から見ているだけではわからないでしょう。じつは、サルにもダニにもキノコにも同じように見られる体の活動（生命現象）が7つあります。もちろん、このほかの植物や動物にもあります。その7つの**生命現象**とは……

運動

どんな生物も自分で動くことができます。植物もとてもゆっくりだけれども動いています。

養分

どんな生物も食べ物（養分）がなくては生きていけません。動物は植物やほかの動物を食べます。植物は日光を利用して自分で養分をつくります。

呼吸

どんな生物も、細胞で養分を分解してエネルギーを取り出します。このしくみを呼吸といいます。多くの生物は酸素を使って呼吸をします。

排泄

どんな生物も、体の中でできた、いらない物質（老廃物）を体から捨てなければなりません。汗や尿にして出したり、息といっしょに吐き出したりします。

植物も動ける！
植木鉢を日の当たる窓辺に置いて、数日後の葉の向きを調べてみよう。

なにが変わったかな？
葉が日光のさす方向を向いているよ。

なぜ？
植物は自分で養分をつくるため、日光に当たる必要があるから。

老廃物なのかな……
体から追い出されるもので一番わかりやすいのは便。けれども便は体の中で利用できなかった食べ物の残りかすです。だから、同じ老廃物でも、体の中でつくられた、いらない物質とはちょっと違います。

生物ってなんだろう？

生殖
どんな生物も自分と同じような姿の子をつくります。子を残せないと子孫がいなくなってしまいます。

素早く反応する植物もある。ハエトリグサは10分の1秒で葉をパチンと閉じる。

感覚
どんな生物もまわりでなにが起こっているのかを感じ取ることができます。植物には目も耳もありませんが、日光などに反応します。

人工の生命？
人は人間そっくりのロボットをつくってきた。7つの生命現象のうち、いくつかをこなせるロボットもいる。だけど子をつくったり、成長したりするロボットは今のところまだできていない。

いつか君も私くらい大きくなるよ。

成長
どんな生物も成長します。ある程度大きくなると成長を止めるものもいれば、一生成長し続けるものもいます。

これらの7つの質問全部に「イエス」だったら、生物ってことになるんだよ。

植物
- 運動　イエス　ゆっくり
- 養分　イエス　日光を利用して養分をつくる
- 呼吸　イエス　細胞でエネルギーを取り出す
- 排泄　イエス　気体と水
- 生殖　イエス
- 感覚　イエス　日光などに反応
- 成長　イエス

トラック
- 運動　イエス
- 養分　イエス　走るために燃料が必要
- 呼吸　？　　燃料からエネルギーを取り出す
- 排泄　イエス　排気ガス
- 生殖　ノー
- 感覚　イエス　ハンドルなどに反応
- 成長　ノー

五界説の各界の生物の特徴

動物：ほかの生物を食べる。

植物：日光を利用して自分で養分をつくる。

菌類：植物のように見えるけれど、ほかの生物から養分をもらう。

原生生物：とても小さい。動物に似ているものもいるし、植物に似ているものもいる。

原核生物：すべての生物の中で一番小さくて単純なつくりをしている。

生物をどうやってグループに分けるの？

生物を研究するとき、同じような特徴の生物どうしをグループに分けると、調べやすくなります。このように分けることを**分類**といいます。分類法にはいくつかありますが、今までよく使われていたのが**五界説**という分け方です。五界説では生物を5つの大きなグループ、つまり**界**に分けます。

動物は動物だけの界、植物は植物だけの界にまとめられます。そのほかの生物は、菌類の界、小さくて単純な生物である原生生物の界、核をもたない原核生物の界に分けられます。なお、近年では、細菌、古細菌、真核生物の3つのグループに分ける分類法がよく用いられています。

界の次の小さなグループ

同じような特徴をさらに細かく見ていくと、どんどん小さなグループに分けられます。界の次のグループは**門**となります。その次が**綱**、**目**、**科**、**属**、そして**種**です。どんな種類の生物も最後は種に分けられます。

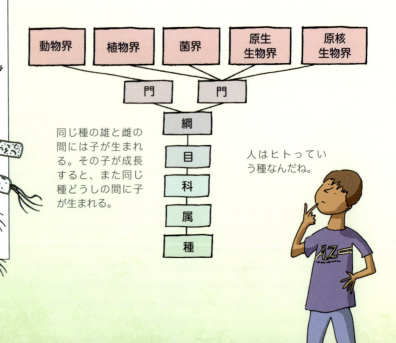

同じ種の雄と雌の間には子が生まれる。その子が成長すると、また同じ種どうしの間に子が生まれる。

人はヒトっていう種なんだね。

生物ってなんだろう？

名前のつけ方？

種の名前は国によって違います。だから間違わないように、生物学者はそれぞれの種に世界中で通じる名前、つまり**学名**をつけています。
たとえば、トウブハイイロリスは動物界の中でどんなふうに分類されているかかというと……

リンネの分類法

現在使われている分類法を考え出したのは18世紀のスウェーデンの生物学者カール・リンネ。リンネはすべての生物にラテン語の名前を2つ組み合わせた学名をつけた。リンネが分類した植物と動物は数千種類にのぼった。

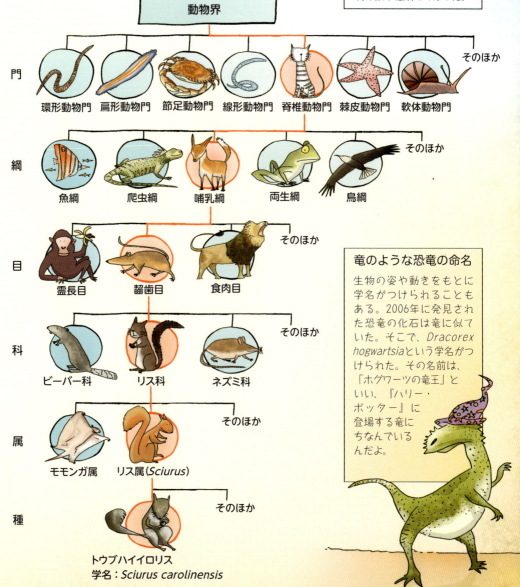

竜のような恐竜の命名

生物の姿や動きをもとに学名がつけられることもある。2006年に発見された恐竜の化石は竜に似ていた。そこで、*Dracorex hogwartsia*という学名がつけられた。その名前は、「ホグワーツの竜王」といい、『ハリー・ポッター』に登場する竜にちなんでいるんだよ。

動物種の発見
毎年およそ1万5,000もの新しい動物種が発見され、名前がつけられている。

動物界

動物界だからといってイヌやイルカのようにひと目で動物とわかる生物ばかりではありません。動物界にはサンゴやカイメンなど、とても動物とは思えないような生物もいます。

ただ、どの動物もほかの生物を食べて生きているという点は同じです。植物のように、自分で養分をつくることはできません。また、1個の細胞ではなく、たくさんの細胞でできています。

分類って難しい！
生物をグループに分けるのは簡単そうだけど、中にはグループの特徴が当てはまらない生物もいるんだ！たとえば、カモノハシは哺乳類だけれども、アヒルのようなくちばしをもち、卵を産むんだ。

背骨のある動物

大きくて重い動物の多くは**脊椎動物**です。脊椎動物には背骨（脊椎という骨でできています）があり、背骨で体を支えています。脊椎動物は目立つので見つけやすいですが、動物界の中ではわずか3％しかいません。

脊椎動物は動物界脊椎動物門に属し、さらに8つの綱に分けられます。脊椎動物には、体温を自分で調節できる**恒温動物**（温血動物）と、体温を自分で調節できず、日光で温まる**変温動物**（冷血動物）がいます。

鳥類：翼と羽根をもつ脊椎動物。硬い殻の卵を産み、自分で体温を調節できる。

哺乳類：自分で体温を調節する、毛の生えた脊椎動物。卵ではなく子を産む。子は母親の乳を飲む。

爬虫類：うろこでおおわれ、自分で体温を調節できない脊椎動物。陸上で生活し、殻のある卵を産む。

魚類：水中で生活する脊椎動物。うろこでおおわれ、えらで呼吸をする。卵を産み、自分で体温を調節できない。

両生類：陸上で生活するが、卵は水中に産む脊椎動物。自分で体温を調節できない。

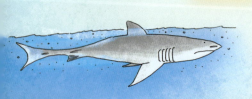

背骨のない動物

脊椎動物ではない、残りの97％は背骨をもたない変温動物で、**無脊椎動物**といいます。無脊椎動物の体は柔らかく、ぐにゃぐにゃとしていて、体が硬い殻でおおわれているものが多いです。無脊椎動物の体はたいてい脊椎動物よりも小さいですが、海には、人の身長よりもずっと長い腕をもつイカなど、とても大きな無脊椎動物もいます。

無脊椎動物のうちいくつかを紹介すると……

線形動物：細長い外見をしていて、体に節はない。センチュウなど。

環形動物：細長い外見をしていて、体に節がある。ミミズなど。

軟体動物：自分で体温を調節できない無脊椎動物。イカ、アサリなど。

節足動物：体は節に分かれ、硬い殻でおおわれている。脚には関節がある。すべての動物種の80％が節足動物。昆虫、ムカデ、クモ、サソリ、カニなど。

扁形動物：体は平たく、節はない。プラナリアなど。

棘皮動物：海中で生活し、体はがんじょう。ヒトデ、ナマコなど。

刺胞動物：水中で生活し、袋のような形をしている。クラゲやサンゴなど。

海綿動物：体のつくりがとても簡単で、頭や筋肉もない。海底で生活し、ほとんど動かない。カイメンなど。

輪形動物：とても小さな動物。ほとんどが顕微鏡でようやく見える。ワムシなど。

クモは昆虫？

クモを昆虫だと思っているあなた。じつはクモは昆虫ではないのだよ！昆虫もクモも節足動物門に分けられるけれども綱が違うんだ。昆虫は脚が6本あり、さらにいくつかの綱に分けられる。クモは8本脚のグループ、**クモ綱**に分けられる。クモ綱にはマダニ、ダニ、サソリなどがいる。

巨大な生物
世界一背の高い生物はカリフォルニア州に生えているセコイアで、115mもある。人の63倍以上だ。ギリシャ神話に登場する巨人の名前にちなんで「ハイペリオン」と名づけられた。

養分をつくらない植物
ネナシカズラはクロロフィルをほとんどもっていないので、色は茶色。自分で養分をつくる代わりに、ほかの植物に巻き付いて養分をちゃっかりいただいてしまう。

ネナシカズラ →

植物界

地球上の生物は植物に頼って生きています。植物は自分で養分をつくることができます。だから自分で養分をつくれない生物は植物を食べて生きています。植物は日光と水と空気中の二酸化炭素を利用して糖（養分）をつくります。養分をつくるために、植物は**クロロフィル**（葉緑素）という色素をもっています。ちなみに、植物が緑色をしているのはクロロフィルがあるからです。

多くの植物には養分と水を運ぶための管があり、種子をつくって子孫を残します。殻に守られた種子の中には、芽となるつくりと発芽するための養分がつまっています。

種子をつくる植物

種子をつくる植物は、**被子植物**と**裸子植物**の2つのグループに分けられます。

被子植物：花には子房があり、果実の中に種子をつくる。

多くの草　リンゴ　キツネノテブクロ

裸子植物：花に子房がなく、種子をつくる。裸子植物は4つのグループに分けられる。

グネツム類（背丈の低い植物）　ソテツ類（ヤシなど）　イチョウ類（現在はイチョウ1種だけ）　マツ類（マツ、モミなど）

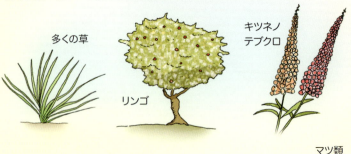

生物ってなんだろう？

種子をつくらない植物

種子よりも単純なつくりの胞子をつくって子孫を残す植物もあります。たとえば、次のような植物は胞子をつくります。

コケ植物：最も簡単なつくりの植物。ほとんどがじめじめした日陰に生えている。

シダ植物：コケ植物よりも複雑なつくりをしている。

ほかの界はどうなってるの？

五界説の中で、動物界、植物界以外の3つの界に属する生物は、なかなか見かけることがありません。

多くの菌類は地面の下やじめじめした暗い場所に生えています。細い糸（菌糸）をたくさん伸ばして、生物や死骸から養分を取り込んでいます。キノコ、カビ、単細胞の酵母などがあります。

原生生物と原核生物はとても小さいので、私たちの目では見えません。でもじつはどこにでもいます。私たちの皮ふにも、水や空気の中にも、私たちが触れるすべてのものにもついています。原核生物はとても小さくて簡単なつくりをした生物です。原生生物はもう少し大きく複雑なつくりをしていて、動物や植物に似たふるまいをします。なかにはたくさんの細胞からできた海藻のようなものもあります。

カラカサタケの正体

私たちが目にする地上のカラカサタケは、全体のほんの一部で、ほとんどが地面の下に広がっている。地上ににょっきり顔を出したキノコから胞子が放たれ、風に乗ってあちこちに散らばる。

生物はなにでできているの？

生物の形や大きさはさまざまですが、どの生物も**細胞**という小さなまとまりでできています。1つの細胞だけでできている生物（**単細胞生物**）や、数え切れないくらいの細胞が集まってできている生物（**多細胞生物**）がいます。

たくさんの細胞でできている生物の体では、細胞によって役割が違います。食べ物を運ぶ細胞もあるし、種子や子をつくる細胞もあります。決まった仕事をきちんとできるように、細胞ごとに形が決まっています。このため、役割の違う細胞は形だけを見ると違ったもののように見えますが、細胞に含まれているものはほとんど同じです。

細胞の数はいくつ？
ヒトの体は50兆〜100兆個の細胞でできている。
1滴の血液には2億5,000万個もの細胞が含まれているんだ。

細胞には何種類あるの？
ヒトの体だけでも細胞は200種類以上もある。たとえば……

赤血球：酸素を運ぶ細胞。円盤状の形をしている。

白血球：病原菌と闘う細胞。

神経細胞：体中に情報を運ぶ細長い細胞。

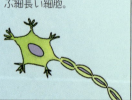

動物細胞のつくりは？

動物細胞のつくりは下の図のようになっています。

この細胞は実際の数百倍に拡大してある。ほとんどの細胞はとても小さいので肉眼では見えない。

核：制御室のようなはたらきをする。核の中にはひものような形をした**染色体**がある。染色体はDNAとタンパク質でできている。

細胞質基質：細胞の中を満たす液体。

細胞膜：細胞内外に出入りするものを調節する。

ミトコンドリア：糖などの化合物を簡単な物質に分解して、エネルギーをつくり出す。

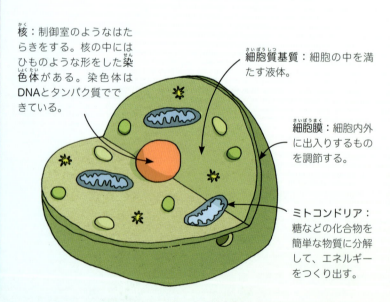

植物細胞のつくりは？

植物細胞のつくりの多くは動物細胞と同じですが、動物細胞にはないものもいくつかあります。

下の図は葉の一番外側の細胞です。

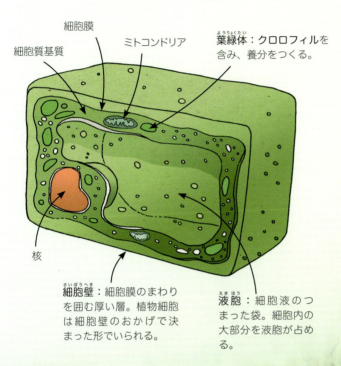

細胞質基質
細胞膜
ミトコンドリア
葉緑体：クロロフィルを含み、養分をつくる。
核
細胞壁：細胞膜のまわりを囲む厚い層。植物細胞は細胞壁のおかげで決まった形でいられる。
液胞：細胞液のつまった袋。細胞内の大部分を液胞が占める。

葉の細胞を拡大した写真。細胞の内側に見える緑色の粒が葉緑体。

細胞を見てみよう！

学習用の顕微鏡でも、大きめの細胞なら見ることができる。タマネギの細胞を観察してみよう。

1. タマネギを半分に切り、もう1回半分に切る。食べる部分（鱗茎）を1枚はずす。

2. はずした鱗茎を半分に折る。

3. 薄い皮（表皮）をはぐ。

4. 薄い皮をスライドガラスにのせ、水を1滴たらしてカバーガラスをかける。

5. スライドガラスをクリップでとめる。レボルバーを回して倍率の低い対物レンズをセットする。

6. 調節ネジを回して対物レンズを下まで下げ、接眼レンズをのぞきながらピントを合わせる。すると細胞の並んでいる様子が見える。

細胞がよく見えない場合は、倍率の高い対物レンズにかえてみよう。ただし、スライドガラスにぶつけないように気をつけること！

生物ってなんだろう？

細胞はどんなふうにくっついているの？

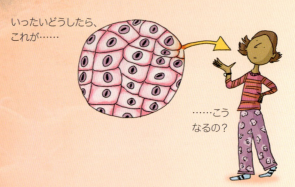

細胞はとても小さいけれども、互いにくっついて大きくて複雑なつくりの生物になります。もちろんヒトもそうです。それぞれの細胞の役割や形は違っていても、つながることで力を合わせ、どの細胞も生物全体のためにはたらきます。

細胞

細胞は同じ種類の細胞どうしで集まります。

これは脂肪細胞が集まり、エネルギーを蓄えている組織の写真。電子顕微鏡で撮って、色をつけている。

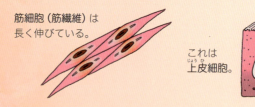

組織

細胞が集まって**組織**をつくります。組織にもいろいろな種類があります。体の内側の表面をおおう**上皮組織**や、**筋肉組織**などがあります。

生物ってなんだろう？　　　　　　　　　27

器官

違う種類の組織が集まって**器官**をつくります。器官は**胃**や**心臓**や**腸**など、体の中で特定のはたらきをします。

これは胃。一部を切り取ってある。内側は組織の層でできている。

これは腸の断面。養分や水分は腸から吸収される。腸も組織の層でできている。

器官系

いくつかの器官が集まって**器官系**をつくります。ヒトの体には器官系が10あります。**消化器系**もその1つです。

消化器系では食べ物を小さく分解したり、体に取り込まれなかった食べ物を排泄したりする。

個体

さまざまな器官系が結びつくと個体となります。個体は、7つの生命現象をすべて行うことができます（16〜17ページを見て、なんだったか思い出してみましょう）。

ヒトもこうしてできている生物なんだな。

植物の器官

植物の代表的な器官をチューリップで確かめてみよう。

花
葉
茎
根

細胞はどうやってできるの？

細胞が2つに分かれる（分裂する）と新しい細胞ができます。1個の細胞が何回も分かれて、何千個という新たな細胞をつくります。植物も動物も成長したり、古くなった細胞や傷ついた細胞を取り替えたりするためには、新しい細胞が必要です。

どんなふうに分裂するの？

細胞はおもに**体細胞分裂**をして分かれます。体細胞分裂ではいくつかの段階を経て最後は2個の細胞ができます。新しくできた細胞の核にはそれぞれ設計図がひとそろいあります。

はがれ落ちる皮ふ

私たちの皮ふの一番外側の層は古くて死んだ細胞でできている。手の甲にセロハンテープをつけて、はがしてみて。はがしたテープには死んだ皮ふがくっついているよ。

次々に分かれる細胞

1個の細胞が2つに分かれ、それぞれがまた2つに分かれると4個の細胞ができる。さらにこの4個がそれぞれ2つに分かれると8個の細胞になる。では、何回分裂すると1,024個の細胞ができるでしょうか？
答えはこのページの下にあるよ。

なんでcellっていうの？

細胞は英語でcellという。細胞は17世紀にロバート・フックという科学者によって発見された。フックは、顕微鏡を使って、コルクが小さな部屋みたいなものでできていることに気づいた。修道士の住むがらんとした小さな部屋（cell）に似ていたことからこの名前をつけたんだって。

まず細胞の中で染色体のもっている情報がそっくりコピーされる。

この図は動物細胞の分裂の様子。植物細胞の分裂のしかたもほぼ同じ。

核を取り囲む膜が消える。染色体が2つに分かれ、細胞の両端に移動する。

新しい膜ができて、それぞれの染色体を取り囲む。

細胞が2つに分かれ始める。どちらにも核がある。

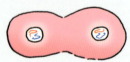

すっかり2等分されて、細胞が2個できる。

答え：最初の分裂から10回目に1,024個の細胞ができる。

一番最初の細胞は？

どの植物も動物も、生命はたった1個の細胞から始まります。この細胞には、将来どのような生物になるかについて、すべてが書き込まれた設計図が含まれています。最初の細胞が2つに分かれ、次々と分裂を繰り返すうちに、もとの細胞とは比べものにならないくらい大きな体になるのです。

新しく生まれる植物や動物は、ふつう**配偶子**という2個の生殖細胞からつくられます。1個は母親、もう1個は父親由来のもので、植物では卵細胞と精細胞、動物では卵と精子とよばれます。配偶子は**減数分裂**という特別な細胞分裂によってできる細胞で、情報の量がふつうの細胞の半分しかありません。

母親の配偶子と父親の配偶子が合体すると、情報が全部そろった新しい細胞、**受精卵**ができます。この最初の細胞には、母親と父親の特徴が混ざった、まったく新しい生物をつくるための設計図が入っています。

幹細胞とは？

大人の細胞はたいていその細胞のコピーしかつくれず、違う種類の細胞をつくることができない。ところが、そうでない細胞もあるらしい……

幹細胞という特別な細胞は、どの種類の細胞にもなることができる。幹細胞を利用すると病気を治療したり、傷ついた器官をつくって置き換えたりできる可能性がある。2007年、大人のふつうの細胞を幹細胞（iPS細胞）に変える方法が発見された。この発見が大きな突破口となって、医学は大きく前進した。

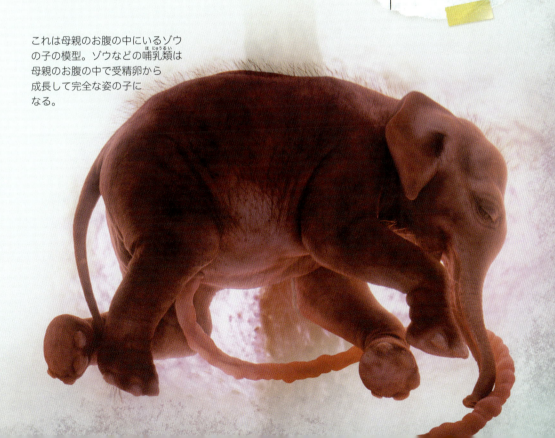

これは母親のお腹の中にいるゾウの子の模型。ゾウなどの哺乳類は母親のお腹の中で受精卵から成長して完全な姿の子になる。

小さな生物にはなにがいるの?

植物や動物は、さまざまな種類の細胞が数多く集まり、それらが協力し合っています。ところが、とくに小さいといわれる生物の中にはたった1個の細胞でできているもの（単細胞生物）や、つくりが単純すぎて細胞とすら見なされないものがいます。**ウイルス**がまさに一番小さいものですが、細胞からできていなくて、最低限のつくりしかもたないので、生物に該当するかどうか、今でも生物学者たちの意見は分かれています。

単細胞生物とウイルスはとても小さいので、顕微鏡を使わないと見ることができません。このような生物は**微生物**とよばれます。とくに病気を引き起こす微生物は病原菌ともよばれます。

ウイルス

世界中のありとあらゆる生物の中でウイルスのつくりが一番単純です。しかも、ウイルスは7つの生命現象を自分の力で行うことができません。ほかの生物（宿主）の細胞に入り込んで、その体を利用するので、ウイルスは宿主の体の中にいるときしか活動せず、ほかの生物の細胞に入り込んでいないときは、まったく活動しません。ウイルスは鎖のような形のDNAまたはそれと似た物質のRNAと、まわりを囲む殻だけでできています。ウイルスが宿主の細胞に侵入すると、そのDNAまたはRNAが宿主の細胞を乗っ取り、宿主の細胞にウイルスのコピーをつくらせます。宿主の細胞がウイルスのコピーでいっぱいになると破裂して、新しいウイルスが外にまき散らされ、次に出会った別の細胞に入り込むのです。

微生物の大きさを表す単位

微生物の大きさは「マイクロメートル：μm」（1ミリメートルの1,000分の1）という単位で表されることが多い。

原生生物の幅は数十から数百マイクロメートル。

細菌はわずか数マイクロメートル。

ウイルスになるともっと小さくて、「ナノメートル：nm」（1マイクロメートルの1,000分の1）という単位で表される。

インフルエンザウイルス。写真に色をつけてある。

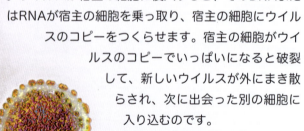

細菌

細菌は原核生物です。原核生物の細胞には本当に必要なものしかありません。ふつうの生物の細胞にあって、原核生物の細胞にはないものがいくつかあります。たとえば、核もないので、DNAは細胞質基質の中を漂っています。とはいえ細菌はウイルスよりはずっと複雑なつくりをしていて、間違いなく生きています。

私たちは細菌がいなくては生きていくことはできません。それは、細菌が生物の死骸を分解するおかげで、死骸に含まれる物質をほかの生物が利用できるからです。そのほかにも細菌が役立っていることがあります。たとえば、私たちの腸にすみついている細菌は食べ物の消化を助けてくれます。

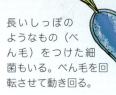

長いしっぽのようなもの（べん毛）をつけた細菌もいる。べん毛を回転させて動き回る。

原生生物

原生生物の細胞のつくりは植物や動物に似ていて複雑です。原生生物はたいてい1個の細胞だけでできていますが、同じ種類のほかの原生生物とくっついて集団となるものがいます。原生生物にはこんななかまがいます……

原生動物は動物細胞に似た、1個の細胞でできています。細菌など、自分よりも小さな生物を取り込んで食べます。

ほとんどの**藻類**は植物細胞に似た、1個の細胞でできています。葉緑体をもっているので、日光を利用して光合成で養分をつくることができます。

藻類の中には互いにくっついて大きくなり、海藻となるものもあります。海藻は植物のように見えますが、どの細胞もまったく同じで、それぞれに特別な役割があるわけではありません。

原生動物の食べ方

原生動物は細菌やほかの原生生物を食べる。まず体の一部だけを前に出して、それから残りを引き寄せて獲物に近づく。

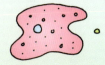

体の一部で獲物を取り囲む。

獲物を取り込み、分解して吸収する。

危険な微生物……

たいていの微生物は害はないのですが、なかには病気を引き起こすものがいます。エイズを引き起こすHIVなど、危険な微生物になると何千万という人の命を奪ってしまいます。そんな恐ろしい微生物にはどのようなものがあるかというと……

病気を引き起こす**細菌**は体の細胞を襲ったり、害のある物質をつくったりします。のどの痛み、食中毒、髄膜炎や肺炎をはじめ、食べ物や水を通じて広がるコレラという死に至る病気などをもたらします。

HIVとエイズ

HIV（ヒト免疫不全ウイルス）はエイズ（後天性免疫不全症候群）を引き起こす。エイズになるとほかの病気と闘う力がなくなってしまう。薬を使えば命を落とすことはないけれども、薬が手に入らない患者がたくさんいる。毎年200万人以上がエイズで亡くなっていて、その数は増え続けると予測されている。記録に残っているウイルス流行の中でも最悪のものの1つだ。

原生動物はアメーバ赤痢やマラリアなどを引き起こします。アメーバ赤痢は、原生動物が腸の粘膜を襲って起こる病気です。マラリアは、蚊に刺されて体に入った原生動物が肝臓や赤血球で増えて起こる病気です。

これはウイルスが大腸菌という細菌を襲っているところを電子顕微鏡で撮った写真。大腸菌の表面にくっついたばかりのウイルスと、すでになかみを大腸菌に入れ終えたウイルスが写っている。

とはいうものの細菌も原生動物もほとんどが害はなく、役に立つものもいるほどです。一方、**ウイルス**は害になるものが多く、風邪も狂犬病もウイルスが引き起こす病気です。手に負えないウイルスになると数百万の人の命を奪ってしまいます。1918〜1919年に流行したスペイン風邪で命を落とした人は、第一次世界大戦で亡くなった人よりも多かったのです。ウイルスにはたくさんの種類があるので、すべてに打ち勝つことは困難です。

……そこで病原菌をどう打ち負かすか

ヒトは、人類の歴史と同じくらい長い間、恐ろしい微生物と闘い続け、けっこううまくやりこめています。鼻毛やじょうぶな皮ふで病原菌の侵入を防いだり、食べ物に含まれる病原菌を胃酸でやっつけたり、目から入ってくる病原菌を涙で洗い流したりして体を守っているのです。

このような方法がうまくいかない場合は、病原菌に立ち向かう**白血球**がはたらき始めます。白血球には**食細胞**（病原菌を飲み込む食作用がある）と**リンパ球**（病原菌のはたらきを抑える**抗体**をつくる）という2種類の細胞があります。

病原菌を避ける方法
病原菌に触れたり、うつしたりしないようにするには……

病原菌はつばに混じって伝わっていく。だからせきやくしゃみをするときは鼻と口に手を当てること。

病原菌は皮ふにもくっついているので、手をよく洗うこと。

食細胞は病原菌を壊し、病原菌のつくった毒を分解する。

病原菌　食細胞　　　食細胞　　　　　病原菌

リンパ球のつくる抗体は病原菌をしっかり捕まえる。抗体ごとに違う病原菌にはたらく。

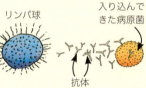
リンパ球　　入り込んできた病原菌　はたらけなくなった病原菌
抗体

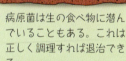

病原菌は生の食べ物に潜んでいることもある。これは正しく調理すれば退治できる。

ヒトの体は、ある抗体のつくり方を1回覚えると、その後もずっと記憶しているので、同じ種類の病原菌がまた襲ってきてもすぐに抗体をつくって闘います。このしくみのおかげで、同じ病原菌による病気にかかりにくくなります。つまり病気に対する強い抵抗性、**免疫**ができます。

体温が上がると病原菌の動きが鈍くなり、白血球のはたらきが活発になります。病気と闘うときに体温が上がるのにはこのような理由があるのです。

ところが病気と闘うことに体がいくら慣れていても、体の外からの助けが必要な場合もあります。そういうときは薬の登場となります……

調理した食べ物に病原菌が新たに発生することもあるが、温度が低ければ増えにくい。だから残った食べ物は冷蔵庫に入れておく。

優れた薬の発見

数え切れないほどの命を救うことになる大発見をした科学者にはこんな人たちがいます……

エドワード・ジェンナーとワクチン

天然痘は死に至る病として、古来よりおそれられてきた伝染病だ。

天然痘にかかっても助かった人は二度と天然痘にかからない。このことは昔からよく知られていて、古代中国では、天然痘のかさぶたを鼻から吸って、軽く天然痘にかかることで予防をしていた。
だが、これはとても危険な方法だった。

ウシの乳しぼりをする女性はほとんど天然痘にかからなかった。

18世紀、医師エドワード・ジェンナーは、乳しぼりの女性たちは天然痘ではなく、症状の軽い牛痘にかかっていることに気づいた。

牛痘が天然痘に対する免疫をつくったのかも？

ジェンナーは自分の考えを確かめるために危険な実験をすることにした。

まず少年に牛痘を注射してみたら……

……それほどひどくならなかった。

その少年に今度は天然痘を注射したところ……

あの子が亡くなってしまったら、私は殺人の罪で裁かれることになる。

ありがたいことに少年は天然痘にかからなかった。

うまくいった！

この発見は広く知れ渡り、たくさんの命が救われたんだ。

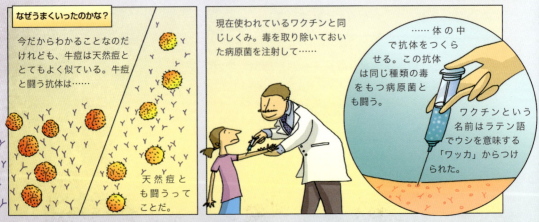

なぜうまくいったのかな？

今だからわかることなのだけれども、牛痘は天然痘ととてもよく似ている。牛痘と闘う抗体は……

天然痘とも闘うってことだ。

現在使われているワクチンと同じしくみ。毒を取り除いておいた病原菌を注射して……

……体の中で抗体をつくらせる。この抗体は同じ種類の毒をもつ病原菌とも闘う。

ワクチンという名前はラテン語でウシを意味する「ワッカ」からつけられた。

アレキサンダー・フレミングと抗生物質

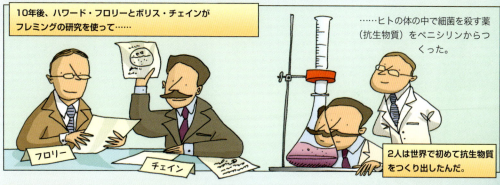

パート2
ヒトの体ってどんなしくみなの？

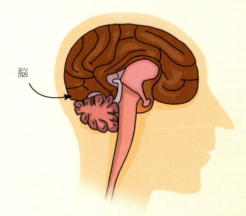

脳

　ヒトの体はとても複雑にできています。だからそのなぞを解くために生物学者たちはとても長い年月をかけてきました。今も新しいことが次々と発見されています。ほかの動物と同じようにヒトの体にも呼吸や運動などをするしくみが備わっています。こういった体のしくみはとてもそつなく行われているので、私たちはそのはたらきに注目したりしません。ヒトと、ほかの動物とで大きく違うことがあります。それは驚くほど優れた脳。脳のおかげで私たちは地球上で最も発達した知能をもっています。

骨格と運動

ヒトの体がしっかりした形でいられるのは**骨格**があるからです。このような骨の枠組みがないと体は崩れて、ただのかたまりになってしまいます。

骨格は体の中の器官を守ったり、体の動きを助けたりもしています。

ヒトの体は骨だらけ

大人の体は206本もの骨でできていて、その半分以上が手と手首と足にある。片方の手と手首には27本、足には26本の骨がある。

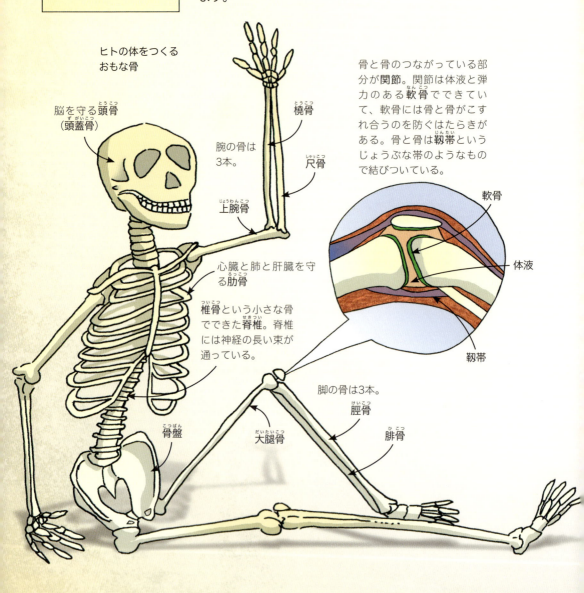

ヒトの体をつくるおもな骨

- 脳を守る頭骨（頭蓋骨）
- 腕の骨は3本。
- 橈骨
- 尺骨
- 上腕骨
- 心臓と肺と肝臓を守る肋骨
- 椎骨という小さな骨でできた脊椎。脊椎には神経の長い束が通っている。
- 骨盤
- 脚の骨は3本。
- 大腿骨
- 脛骨
- 腓骨

骨と骨のつながっている部分が**関節**。関節は体液と弾力のある**軟骨**でできていて、軟骨には骨と骨がこすれ合うのを防ぐはたらきがある。骨と骨は**靭帯**というじょうぶな帯のようなもので結びついている。

- 軟骨
- 体液
- 靭帯

体はどうやって動くの?

私たちは当たり前のようにいとも簡単に体を動かしているけれども、どこかを1つ動かすたびに筋肉がいくつもの複雑な動きをしています。

体を動かすときに使う筋肉は細長い筋細胞でできています。筋肉は、関節をはさんで両側の骨に腱というじょうぶな帯のようなものでくっついています。体を動かすとき、筋細胞は収縮して、短くなります。筋細胞は束になってまとまっているので筋肉全体も短く太くなり、その結果、骨が引っ張られます。

筋細胞は収縮しかできません。つまり自分の力で細長く伸びてもとに戻ることはできません。このため、筋肉はたいていペアになって仕事をします。両方の筋肉が同時に縮むことはなく、片方が縮むと、もう片方はゆるんで伸びます。このような関係の筋肉の例を見てみましょう。

働き続ける筋肉

筋肉には、体を動かしたいときだけ動く筋肉のほかに、自分の意志では動かせない筋肉もある。このような筋肉は骨にはくっついていない。心臓の筋肉のように、四六時中動き続けている筋肉もその1つ。心臓の筋肉は1分間に何十回もポンプのような動きをする。

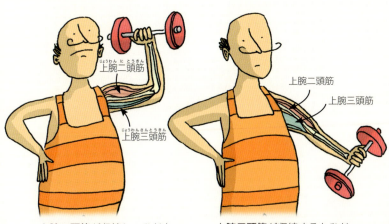

上腕二頭筋が収縮し、ひじから下の部分を引っ張る。このとき、上腕三頭筋は細長く伸びる。

上腕三頭筋が収縮するとひじが伸びる。このとき、上腕二頭筋は細長く伸びる。

関節のつくりと動き

ひじとひざの関節は、肩やまたの関節とは違った動きをする。どんなふうに違うのか、体を動かして確かめてみよう。

腕と脚はそれぞれ肩とまたの関節を中心にぐるぐる回すことができる。一方、ひじから下の腕とひざから下の脚は前後にぶらぶらゆらすことしかできない。

その理由は……

肩とまたの関節は球と受け皿のような形（球関節）をしているので、上下、左右に動かすことができる。

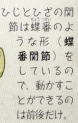

ひじとひざの関節は蝶番のような形（蝶番関節）をしているので、動かすことができるのは前後だけ。

では私たちが体を動かそうと決めたら、その決意はどのようなしくみで筋肉に伝わるのでしょうか？ これも、優れた脳と、働き者の神経のおかげです……

脳と神経

私たちが自ら行動を起こすときは脳から指示が出されていますが、体温の調節などの意識しない体のはたらきにも脳から指示が出されています。脳は1,000億個以上の**神経細胞（ニューロン）**が網の目のようにつながった巨大なネットワークです。1個1個の神経細胞がたくさんの神経細胞とつながっていて、つねに新しいつながりがつくられています。

物事を記憶したり考えたりできるのは、このように神経細胞がつながっているからです。脳はとても複雑にできているので、まだまだわからないことだらけ。現在も脳のしくみを解き明かそうと研究が進められています。

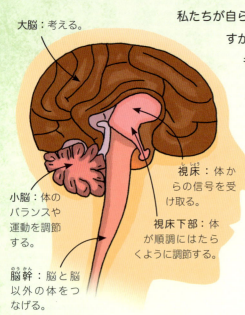

大脳：考える。

小脳：体のバランスや運動を調節する。

脳幹：脳と脳以外の体をつなげる。

視床：体からの信号を受け取る。

視床下部：体が順調にはたらくように調節する。

情報はどうやって伝わるの？

神経は脊椎を通り、体中に伸びています。神経と脳の間では電気信号がびゅんびゅん飛び交っています。神経細胞の端に電気信号が届くと物質が出され、次の神経細胞に信号が伝えられます。このやりとりは、信号の運ぶ情報が目的の場所に届くまで続きます。脳と神経のまとまりを**神経系**といいます。

すべては脳で感じている

物に触ったり、痛みを感じたりするとき、体で感じているような気がするけれど、感じているのはじつは脳。触れた場所から出た信号が神経を通って脳に送られ、脳がその情報を感覚として読み取っているのだ。

腕や脚をなくしてしまった人が、今でも腕や脚で痛みを感じることがある。これも脳のしわざ。このような痛みを幻肢痛という。

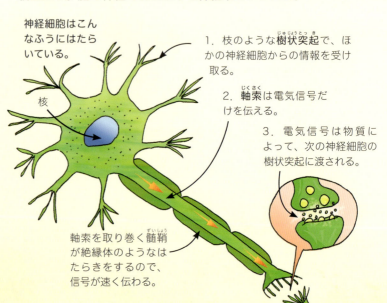

神経細胞はこんなふうにはたらいている。

核

1. 枝のような**樹状突起**で、ほかの神経細胞からの情報を受け取る。

2. **軸索**は電気信号だけを伝える。

3. 電気信号は物質によって、次の神経細胞の樹状突起に渡される。

軸索を取り巻く髄鞘が絶縁体のようなはたらきをするので、信号が速く伝わる。

神経細胞ってどれも同じなの？

いいえ。神経細胞は大きく3種類あって、それぞれ役割が違います。

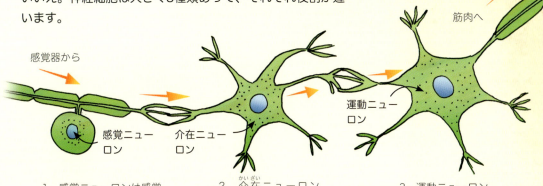

1. 感覚ニューロンは感覚器（受容器）で受け取った情報を脳まで運ぶ。

2. 介在ニューロンは情報を集めて処理し、指示を出す。

3. 運動ニューロンは指示を筋肉に届ける。

どのくらい速いの？

受け取った情報は神経系をあっという間に伝わっていきます。信号が脳に届いて処理され、指示が出されるまでに1秒とかかりません。あまりに速すぎて自分でも気づかないほどです。ところが緊急事態になると、コンマ何秒の違いが大事になってきます。だからもっとスピードを上げるために、脳ではなく脊椎の神経細胞が指示を出して、素早く行動させます。この反応を**反射**といいます。

こういうわけで、自分でも状況がよくわからないうちに反応してしまうことがあります。熱いものに触って手を引っ込めたり、目にほこりが入ってまばたきをしたりする行動なども反射によります。

なぞめいた脳

脳は、脳で考えていることにどうやって気づくのだろうか。これはヒトの脳の最大級のなぞだ。脳が気づくことを意識ともいう。意識があるから私たちは自分のことや、自分の行動や心に決めたことがわかる。ほかの動物にも同じような能力があるのかどうかは、まだわからない。

世界を感じる5つの方法

ヒトは、まわりで起こっていることを、次の5つの方法で感じ取っています……

> **共感覚とは？**
> いくつかの感覚が入り交じって感じられる、共感覚というとても珍しい現象がある。
> 共感覚のある人は文字に味を感じたり、音に色を感じたりするそうだ。

視覚

光の刺激によって生じる感覚です。太陽や電球の光が物体で反射し、目の網膜にある**受容体**という部分に届くと、光の情報が受容体から脳へ伝えられます。

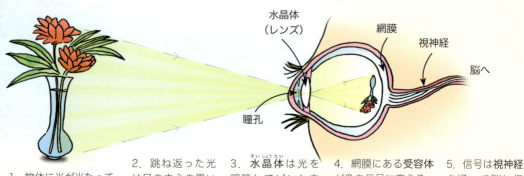

1. 物体に光が当たって四方八方に跳ね返る。
2. 跳ね返った光は目の中心の黒い部分（瞳孔）を通って、目の中に入る。
3. 水晶体は光を調節してピントを合わせ、網膜に上下逆さまの像を写す。
4. 網膜にある受容体が像を信号に変える。
5. 信号は視神経を通って脳に伝えられる。

聴覚

空気の振動（音波）によって生じる感覚です。耳に入った音波は処理されながら脳まで伝えられます。

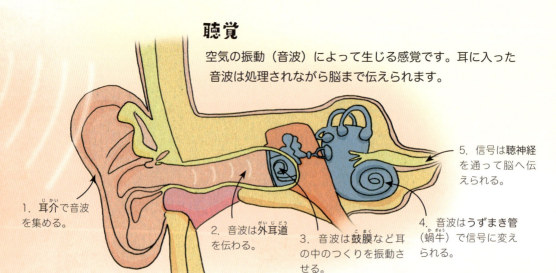

1. 耳介で音波を集める。
2. 音波は外耳道を伝わる。
3. 音波は鼓膜など耳の中のつくりを振動させる。
4. 音波はうずまき管（蝸牛）で信号に変えられる。
5. 信号は聴神経を通って脳へ伝えられる。

ヒトの体ってどんなしくみなの？

触覚

皮ふには、熱や圧力や痛みなどの刺激に反応する受容体が数百万個もあります。そういった受容体から伝えられた信号は脳で触覚として感じ取られます。やけどをしたときのひりひりする感じも、皮ふからの信号によって感じている痛みです。

痛いのは嫌ですが、痛みはなにかおかしなことが起こっていると教えてくれます。痛みに気づけば原因を取り除けるし、傷ついた部分を治療することもできます。

嗅覚
きゅうかく

匂いの正体は空気中を漂う小さな粒子です。息を吸い込むと匂いの粒子も鼻に入り、鼻の奥に何百万とある繊毛上の受容体とくっつきます。受容体ごとに違う粒子と反応して、匂いの情報を信号に変え、脳まで伝えます。

味覚

味の正体は食べ物に含まれる粒子です。味は舌で感じるのですが、舌で見分けられる味は甘味、塩味、酸味、苦味、うま味の5種類だけです。

食べ物を口に入れると、食べ物に含まれる粒子は鼻にも流れてきて、味に影響を及ぼします。舌の受容体と鼻の受容体の情報がいっしょになることで、私たちは食べ物を味わっているのです。

脳の勘違い

脳にはとてもたくさんの信号が入ってくるので、すべてを読み取るために近道を使うことがある。ところが近道を通るとたまに間違いが起こる。たとえば……

……2匹のゴリラは違う大きさに見えるけど、じつはまったく同じ。脳は、上のゴリラの方が遠くにいると考えるよね。遠くにいれば小さく見えるはずなのにこんなに大きいということは、よほど大きいに違いないと思うわけだ。

味の実験

匂いが味にどんな影響を与えるのか、確かめてみよう。

1. リンゴとニンジンをみじん切りにして別々の容器に入れる。別の野菜や果物でもいいよ。

2. 目をかくし、鼻をつまむ。友だちに頼んで、リンゴかニンジンのどちらかを口に入れてもらう。

3. どっちを食べたかわかるかな。今度は鼻をつままないで食べさせてもらおう。どんな味がするかな？

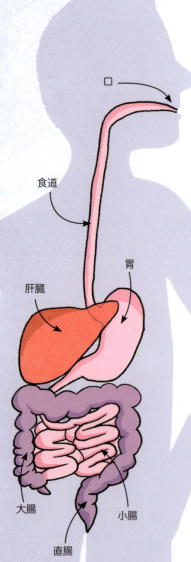

ヒトの消化器系はこんなふうになっている。

体のエネルギー源

ヒトの体はとてつもなく複雑な機械のようなものです。だから体を動かすためには燃料のようなエネルギー源が必要です。ヒトの体の場合、燃料は口から入る食べ物です。食べ物は、体を動かし続けるためのエネルギーと、成長と修復をするための物質を与えてくれます。

食べ物を分解して吸収しやすくするはたらきを**消化**、消化をする器官をまとめて**消化器系**といいます。

口に入った食べ物はどうなるの？

胃では消化酵素を含む消化液と、病原菌を殺すほど強い酸性の液体（胃酸）が出されます。食べ物は胃で混ぜ合わされて液体になります。

液体になった食べ物は胃から**小腸**に少しずつ運ばれます。小腸でも消化酵素によってさらに細かく分解されて小さな粒子になり、小腸の膜を通り抜けて血液中に取り込まれます。

果物や野菜の硬い部分などの分解されずに残ったものは、水分、小腸の死んだ細胞、食べ物を動かしやすくする粘液といっしょに**大腸**まで運ばれます。大腸では水分が血液中に取り込まれます。体に必要でない固形のものは**直腸**まで運ばれ、**便**となって体の外に出されます。

体は養分をどんなふうに使うの？

粒子になった養分は血液中に取り込まれ、体中の細胞に届けられます。それぞれの場所で新しい細胞をつくったり、エネルギーになったりします。エネルギーになるのは糖のなかまの**グルコース**（ブドウ糖）です。

あとで使えるように**肝臓**にためられる養分もあれば、肝臓で別の形に変えられて利用される養分もあります。

食べ物にはどんな物質が含まれているの？

食べ物はさまざまな種類の物質が集まったものです。そのような物質をグループ分けすると……

小腸の長さ
小腸は細くて小さくまとまっているように見えるけれども、じつはとても長い。伸ばすと身長の4倍ほどになる。

タンパク質：
体を成長させたり、傷ついた細胞を修復したり、新しい細胞をつくったりする物質。

炭水化物：エネルギーをつくり出す糖など。

食物繊維：ヒトが消化できない食べ物とくっついて腸の中のものを流れやすくする。

ミネラルとビタミン：
体が正常にはたらくために必要な物質。たくさんの種類がある。

脂質：エネルギーのもと。体を温め、新しい細胞をつくるのにも使われる。

パンの味を変えてみよう
パンをかじって、数分間かんでみて。飲み込まないでね！　味は変わったかな。

なにが起こったの？
じゅうぶんかんだら、少しずつ甘くなるはず。これは、だ液の中の消化酵素（アミラーゼ）がパンに含まれる炭水化物を分解して、糖ができたからだよ。

どうしたら食べ物がエネルギーに変わるの？

食べ物からエネルギーを取り出すためには、空気に含まれる**酸素**という気体が必要です。酸素は生死にかかわる大事なものなので、私たちは1日に2万回、息をしなければなりません。

空気からどうやって酸素を取り込むの？

空気に含まれる酸素はおよそ5分の1だけ。残りは窒素などのほかの気体です。**呼吸器系**では空気から酸素だけを取り込み、ほかの気体（**二酸化炭素**など）は吐き出します。

息を吸うと空気はのどから**気管**に入ります（のどの奥で気管と食道に分かれます。気管の入り口には**喉頭蓋**があり、食べ物が気管に入るのを防ぎます）。

空気は**気管支**という管を通り、大きなスポンジのような**肺**に入ります。

肺の中で気管支は枝分かれを繰り返してどんどん細くなっていき、最後は**肺胞**という小さな袋になります。

酸素は肺胞の薄い壁を通り抜けて血液中に入ります。肺から体に取り込まれる酸素は、吸った息に含まれる酸素の4分の1だけです。

肺とたばこの煙

肺には空気が入ってくる。こちらは健康な肺。

こちらの肺はずいぶん黒くなっているね。たばこの煙に含まれる物質のせいだよ。

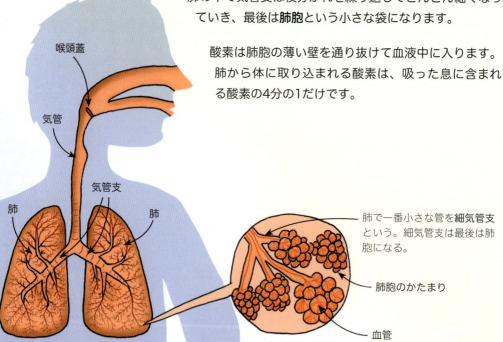

ヒトの呼吸器系はこんなふうになっている。

喉頭蓋
気管
気管支
肺
肺

肺で一番小さな管を**細気管支**という。細気管支は最後は肺胞になる。

肺胞のかたまり

血管

呼吸をする

呼吸（細胞が養分からエネルギーを取り出すこと）は7つの生命現象の1つでしたね。ヒトの場合は食べ物の中のグルコースが酸素と反応して呼吸が行われます。グルコースと酸素が水と二酸化炭素に変わるときにエネルギーも取り出されます。この反応は次のような式で表されます。

グルコース＋酸素 ⟶ 水＋二酸化炭素＋エネルギー

私たちの体の生きている細胞で、この反応が起こっています。1個1個の細胞でそれぞれエネルギーを取り出しています。

運動と息の回数

運動をすると、いつもより呼吸をしなければならないから、細胞はより酸素が必要になるよね。この場合、細胞に必要な酸素を取り入れるために、息をする回数が増えるんだ。

吸う息と吐く息の違いを見てみよう。

吸う息には酸素が約21％、窒素が約78％、二酸化炭素などの気体が約1％含まれる。

吐く息には酸素が約16％、窒素が約78％、二酸化炭素などの気体が約6％含まれる。

いらないものを排出する

呼吸によって取り出されたエネルギーは細胞で利用されます。ところが二酸化炭素やほとんどの水はあまり必要とされません。このような残りもの（**老廃物**）は血液によって運ばれ、ほかの場所で使われたり、取り除かれたりします。

水はほてった体を冷やすための汗や、涙として使われることもありますが、余分な水は尿となり、トイレで体の外に出されます。二酸化炭素は肺に運び込まれて吐き出されます。

音を出す

息を吐き出すと、いらない気体を体の外に出せますが、それだけじゃありません。しゃべったり、歌ったり、叫んだりもできます。

気管から吐き出される息は声帯というひだを通ります。このとき、ひだが震えると音が出ます。声帯を広げたり、狭めたり、口や舌を動かしたりして、いろいろな音を声として出すことができます。

声帯（上から見たところ）

開く（低い声）

閉じる（高い声）

血液の流れ

頭からつま先まで体中の細胞はすべて血管でつながっています。血液を運ぶ血管と心臓のまとまりを循環器系といいます。循環器系は酸素や老廃物、養分を、ベルトコンベヤーのように体中に運びます。また、循環器系には怪我や病気から体を守るはたらきもあります。

これはヒトの心臓の写真。白く見える血管は、酸素の多い血液を心臓に届ける。

血液はどんなふうに体の中を回っているの？

循環器系では、血液は体の中をぐるぐる回っています。血液は血管という管の中を流れます。血管の太さは親指くらいのものから髪の毛より細いものまでさまざまです。体のすみずみの細胞まで血液を届けなければならないので、血管は細かく枝分かれしています。ヒトの血管をすべてつなげると地球を数周するそうです。

血液の色

腕の血管は青っぽく見えるけど、これは皮ふを通して見ているからだ。血液の色はいつでもどこでも赤。ただし、血液に含まれる酸素が多いと明るい赤、酸素が少ないと暗い赤になる。

血管の中はこんなふうになっている。実物の3,000倍に拡大。

血しょう：水のような液体成分。赤血球と白血球と血小板は血しょうの中を漂っている。

白血球：病気と闘う細胞。

血小板：細胞のかけら。怪我をすると、血小板が中心となって血ぺいをつくって出血を止める。

赤血球：体中に酸素を運ぶ細胞。ヒトの体には25兆個の赤血球があって、1秒で200万個の赤血球が新たにつくられている。赤血球の寿命は120日ほど。

ヒトの体ってどんなしくみなの？

血液はどうやって体を回るの？

体中を回る血液の旅をコントロールしているのは**心臓**です。心臓は循環器系を誇る働き者のポンプです。心臓は握りこぶしぐらいの大きさしかありませんが、1日に10万回も収縮しています。1回収縮するたびに、血液を肺や体中に送り出します。

脈を数えてみよう

手首に指を2本当てると、心臓が収縮する回数（心拍数）を測ることができる。じっと座って1分間に何回どくどく感じるか、数えてみよう。立ったままや、寝転がったときに測るとどうだろう。走ったあとも調べてみよう。

心臓ではこんなことが起こっている。

血液を肺に送り出し、血液に酸素を取り込む。

酸素を多く含んだ血液を体中に送り出す。

肺から戻ってくる血液。

体中から戻ってくる血液。

青色は酸素の少ない血液。

赤色は酸素が多い血液。

弁とよばれるふたが、血液が逆向きに流れるのを防ぐ。

心臓の壁は心筋でできている。

運動後の心拍数はどうなる？

体を激しく動かすと心拍数は上がる。これは、もっと酸素を取り込んで、呼吸でできた二酸化炭素を排出しなければならないからだ。

動脈と静脈（じょうみゃく）

心臓から出ていく**動脈**という太い血管は枝分かれを繰り返して、どんどん細くなっていきます。一番細い血管は壁のとても薄い**毛細血管**です。養分や酸素は、毛細血管の壁を通って体の細胞に渡されます。

細胞でつくられた老廃物は、逆に毛細血管の壁を通って血液に渡されます。老廃物を多く含む血液が流れる毛細血管は、今度は**静脈**というやや太い血管になり、静脈は心臓に戻ります。

体を駆け巡る血液

動脈（赤色で示す）と静脈（青色で示す）は体のすみずみまで伸びている。心臓を出た血液が体中を回って、再び心臓に戻るまでに45秒しかかからない。

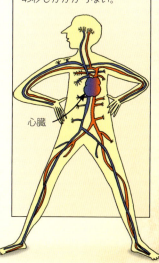

心臓

生命の誕生

両親の**配偶子**(はいぐうし)が受精すると新しい生命が誕生します。このようなしくみを**有性生殖**(ゆうせいせいしょく)といいます。男性の配偶子は**精子**、女性の配偶子は**卵**(らん)です。配偶子をつくって受精させ、子を産むことにかかわる器官をまとめて**生殖器系**といいます。また、女性の子宮では胎児(子宮の中の子)を育てます。

精子と卵

男性の体内でつくられる精子は細長い。頭部には核があり、長い尾がついている。

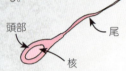

女性の体内でつくられる卵は丸く、精子の頭部の何倍も大きい。

卵を取り囲む精子のようすを拡大した写真。

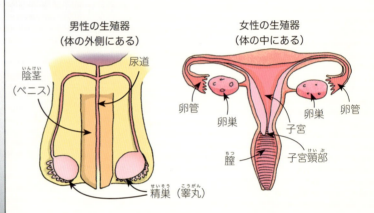

受精

精子は男性の体の外側にぶら下がっている精巣でつくられます。精子は温度に敏感なので、少し温度が低い体の表面近くはぴったりの場所です。

女性の卵巣には生まれたときからたくさんの卵があります。女性が成長すると、28日周期で卵巣から卵が1個出てきて、卵管を通って移動します。それと同時に子宮の内側の膜が厚くなり、受精してもいいように準備をします。

受精するには性交をする必要があります。男性と女性は性交をして、男性の陰茎を女性の膣に入れます。筋肉の動きによって尿道まで移動した何百万という精子は、陰茎から女性の体内に入り、卵管へ向かって泳ぎます。卵管に卵がいれば精子は1個だけ受精することができます。

月経

卵巣から出てきた卵が数日のうちに精子と受精しないと、子宮の内側の膜がはがれてきます。はがれた膜は血液といっしょに膣から体の外に1週間近くかけて出てきます。この現象を**月経**(生理)といいます。

妊娠と子の誕生

1. 卵と精子は受精して1個の受精卵になる。

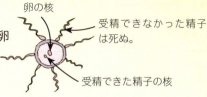

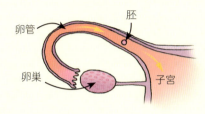

2. 受精卵は分裂を繰り返して、ボールのような細胞（**胚**）になる。胚は子宮まで移動する。

3. 胚は子宮の内側の膜にくっつく。子宮は胚に養分と酸素を与える。胚の細胞はどんどん分裂し続ける。

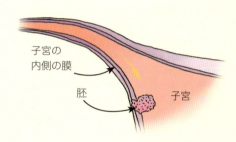

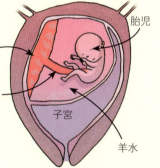

養分と酸素は母親から胎児へ円盤のような形の**胎盤**を通って渡される。

胎児と胎盤は**へその緒**でつながっている。

4. 2か月ほどすると、胚には頭と腕と脚ができて、まわりを膜が取り囲む。膜の中には**羊水**という液体が入っていて胚を守る。このころの胚は**胎児**とよばれる。

5. 9か月くらいになると胎児の生まれる準備は完了。胎児を保護していた膜が破れ、筋肉の収縮（**陣痛**）が始まる。陣痛によって胎児は少しずつ押され、子宮頸部と膣を通って母親の体から出てくる。

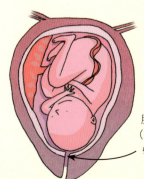

胎児は子宮頸部（ここの部分）から押し出される。

遺伝子は細胞のどこにあるの?

1本の染色体には数千個の遺伝子が含まれている。遺伝子はらせんの形をしたDNAでできている。

ヒトの体のどの細胞にも、体のしくみが書かれた、ひとそろいの設計図があります。細胞はそれぞれの役割を果たすために、細胞ごとに設計図の中の必要な部分を読み取ります。ヒトの設計図は46本の**染色体**でできています。染色体とは、遺伝情報をもつ、長いひものような**DNA**（デオキシリボ**核酸**）からできています。

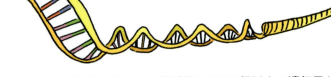

46本の染色体に書かれた設計図には2万個以上の**遺伝子**があるといわれています。私たちの姿や体のしくみ、ときには行動も遺伝子によって決められています。遺伝子には人ならばだれでももっている遺伝子と、人によってわずかに違う遺伝子があるので、まったく同じ遺伝情報をもつ人はいません。

私の遺伝子はどこからきたの?

子は両親から遺伝子をもらいます。精子と卵は染色体の数が23本の特別な細胞です。精子と卵が受精すると、遺伝子が全部そろった完全な設計図になります。

子が親によく似るのは、このように遺伝子を両親から受け取るからです。兄弟や姉妹で似ることが多いのも、同じ遺伝子を多くもっているからです。

DNA研究の心配

遺伝子とDNAのなぞは少しずつ解き明かされてきていて、その研究は病気の治療にも役立っている。
ところが、このような研究がどういった方向に向かうのか、心配もされているんだ。たとえば、遺伝する病気を防ぐために、親は子の遺伝子を選んでもいいのだろうか？ 賢い子やかわいらしい子がつくれるとしたら、どうだろう？ 親ならだれでも選べるの？ それともお金持ちしか選べないの？

子にその特徴が現れる遺伝子

子は両親から23本ずつ染色体をもらって23対、46本の染色体をもっています。対になっている染色体の情報はぴったり一致するとは限らず、異なる場合は、ふつうどちらかの遺伝子の特徴が現れます。このとき、現れる遺伝子を**顕性**（または**優性**）、現れない遺伝子を**潜性**（または**劣性**）といいます。
たとえば、割れ目のあるあごの遺伝子は割れ目のないあごの遺伝子に対して顕性です。

遺伝学の基礎

生物の特徴がどのように伝わるかを最初にくわしく研究したのは、19世紀のオーストリアの修道士グレゴール・メンデルだ。
メンデルはエンドウを使って実験をした。子や孫への特徴の伝わり方に規則性があることに気づき、それを顕性と潜性という考えを使って説明した。

「割れ目のあるあご」遺伝子と「割れ目のないあご」遺伝子をもつ組み合わせによって、どんなあごになるのか見てみよう。

「割れ目のないあご」遺伝子（潜性の遺伝子）を2個もっている人だけが割れ目のないあごになる。

けれども潜性の遺伝子をないものと考えてはいけません。その特徴が現れなくても、しっかりと子に伝わります。両親がともに割れ目のあるあごなのに、割れ目のないあごの子が生まれることがあります。それは、両親がともに割れ目のないあごの潜性の遺伝子をもっている場合です。

男の子、それとも女の子？

男性か女性かは遺伝子によって決まる。女性には2本のX染色体があり、男性には1本のX染色体と1本のY染色体がある。卵には必ず1本のX染色体があり、精子にはX染色体かY染色体のどちらかがある。

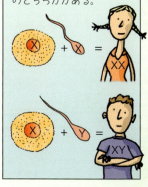

顕性の遺伝子と潜性の遺伝子をもつとどんなふうに子に伝わるのか見てみよう。

ほかの動物はどうしているの？

ヒトは、食べ物を食べて、息をして、子をつくるというように生きていくためにいろいろなことをしています。ほかの動物だって同じことをしているに違いありません。とはいえ、その方法は動物によって違います。動物たちは生きていくためにじつにさまざまな、びっくりするような方法を身につけてきました。どんな動物がいるのか見てみましょう。

> **動物の特徴**
> すべての生物が行っている7つの生命現象を覚えてるかな。16ページに戻って確認しよう。この7つに加え、動物は、生きるために食べなければならないんだ。

骨格と運動

動物は体を動かすと同時に体を支え続けなければなりません。脊椎動物は骨格で体を支えています。背骨のない無脊椎動物はほかの方法で体を支えています。

ミミズの体液
ミミズのような姿の無脊椎動物は体に体液をぱんぱんに詰めて体を支えている。また、筋肉が体液を押すことによって前に進む。

カタツムリの殻
カタツムリなど、体の柔らかい軟体動物の多くは硬い殻の中で生活する。このような殻は動物の成長とともに大きくなる。

サメの骨格
たいていの脊椎動物には硬い骨がある。ところがサメ、エイ、ガンギエイは脊椎からひれまで、じょうぶで、骨よりも軽い軟骨でできている。

カニの外骨格
節足動物には、体を外側から守る外骨格がある。外骨格は伸びないので、節足動物は成長すると外骨格を脱ぎ捨てて、大きな外骨格を新たにつくる。

体液 / 筋肉

タコの体
タコには骨格も殻もない。筋肉でできた、とても強力な腕と、食べるときに使う硬いくちばしがある。タコは骨がないので、どの動物よりも自由に体を動かせる。

サンゴ礁
サンゴはポリプという外骨格をつくる小さな動物が集まってできている。ポリプが一生を終えると外骨格だけが残り、その上をまた新しいポリプがおおう。そうして積み上がったものがサンゴ礁になる。

ヒトの体ってどんなしくみなの？

脳と神経

ほとんどの動物が動いたり、まわりの様子に反応したりするのは、神経があるからです。ところが体のつくりが単純な動物になると脳や神経ををもたないものもいます。

クラゲ
クラゲには脳がなく、神経のつくりも単純だ。だからまわりの環境への反応が鈍い。

昆虫
昆虫の体には太い神経のかたまりが走っていて、「司令塔」の役目を果たしている。頭を切られても、しばらく死なない昆虫もいる。

軟体動物
タコやコウイカ（上の図）はとても頭がいい。無脊椎動物の中では一番複雑な脳をもつ。

海綿動物
海綿動物は一番単純なつくりの動物だ。脳もなければ神経もない。だから海綿動物の細胞は情報のやりとりをしないで別々に活動する。

感覚

ヒトは、おもに視覚を使ってまわりの様子を感じ取っています。ところが動物の中にはほかの感覚や、私たちがもっていない感覚をもつものもいます。

夜でも見える目
夜行性の動物には、目の奥に反射層があるものが多い。目に入った光が反射されるので、網膜は2回光をとらえることになる。

するどい嗅覚
オオカミとイヌはずば抜けた嗅覚をもっている。匂いを感じる受容体の数は、ヒトの20倍以上だ。

超音波
コウモリは超音波を出して、ものにぶつかって跳ね返ってくる音（反響音＊）を聞き、その音を手がかりにまわりの様子を探る。

耳

聴覚・味覚
ずいぶん変わった部分でまわりの様子を感じ取る昆虫もいる。コオロギは肢で音を聞き、ハエは足先で食べ物を味わう。

頬ひげ
夜行性の哺乳類の多くは頬ひげに触覚の役割がある。なかには頬ひげで空気の流れを感じ取るものもいる。

電気
シュモクザメは皮ふにある神経細胞を利用して、ほかの動物が放った弱い電気信号を感じることができる。

複眼
多くの昆虫はたくさんの水晶体でできている複眼をもつ。複眼はヒトの目ほどはっきり見えないけれども、広い範囲を見たり、動く物体を素早くとらえることができる。

＊反響音は244ページでくわしく説明しています。

ヒトの体ってどんなしくみなの？

食べて消化する

すべての動物は食べ物を食べ、消化したものを吸収して生きています。けれども食べ方や消化のしかたは動物によって違います。

つばをかける
ハエは食べ物の上につばをかけ、スープのような液体に変えてからすする。

まるごと飲み込む
鳥は食べ物をまるごと飲み込んで嗉嚢という場所にため、それから胃と砂嚢に運んで消化する。

嗉嚢　胃　砂嚢

草を食む
草は消化しにくいので、ウシやヒツジなどの草食動物の胃は4つに分かれている。草は胃から別の胃へ運ばれながら少しずつ分解されていく。

こして食べる
大形なのに、とても小さな生物しか食べないクジラやサメがいる。大量の海水を口いっぱいに入れ、水だけ吐き出して残ったものを飲み込む。

息を吸う

どこにすんでいようとも、すべての動物は息をして体の中に酸素を取り入れています。

皮ふと口
カエルの多くは皮ふと口の粘膜を使って息をする。

気門
昆虫に肺はない。その代わりに外骨格にある気門という穴から酸素を取り込み、二酸化炭素を出す。

気門

優れた肺
鳥の肺はとても効率がよい。吸ったばかりの空気と、吐き出す前の空気とを別々の場所にためることができるので、肺では新鮮な空気からよりたくさんの酸素を吸収できる。

えら
酸素は水に少し溶けている。魚は口から水を飲んでえらで酸素を取り込む。えらは水中で肺と同じようなはたらきをする。

えらは、えらぶたの内側にある。

頭の穴
クジラとイルカは頭に開いた穴で息をする。90分間、息を止めたまま水中に潜ることのできるクジラもいる。

ヒトの体ってどんなしくみなの?

血液の流れ

動物の体の中では、酸素や養分はすみずみまで運ばれ、老廃物はあちこちから回収されています。多くの脊椎動物では、このような物質を運ぶのは赤い血液ですが、赤くない血液をもつ動物や、血液が流れていない動物もいます。

血液のない動物
扁形動物などは体のつくりが単純なので、血液は必要ない。養分と酸素は細胞から細胞へ直接運ばれる。

すき間
クモや甲虫などの節足動物は体の中にすき間が広がっている。血液は、このすき間にしみ込んで、養分や酸素を器官に運ぶ。

器官のまわりにすき間が広がっている。

3つの心臓
タコには心臓が3つある。2つは血液をえらに送り出し、もう1つは血液を体中に運ぶ。

心臓は3つとも頭の後ろにある。

子をつくる

ほとんどの動物では雄の精子と雌の卵が受精して子ができるのですが、その方法はじつにさまざまです。子の育ち方も動物によってかなり違います。

父親のいない息子
コモドオオトカゲは、交尾せずに産んだ卵でもふ化して子になることがある。ところが、こうして生まれた子は必ず雄になるそうだ。

水中での受精
たいていの魚は水中で卵と精子を放出して、受精させる。

アリの産卵
アリは大きな集団で生活している。卵を産むのは1匹の女王アリだけ。

変態する
多くの昆虫やカエルは、卵→幼虫（幼生）→成虫（成体）の順に変態する。幼虫の姿は成虫の姿とまったく違うことが多い。

卵

幼虫　成虫

ウミガメの子
ウミガメは卵をたくさん産み、そのあとは卵の世話をしない。親に守られていないので、多くの子が死んでしまう。けれども子の数がとても多いため、生き延びるものもいる。

胎児や胚の成長
哺乳類の胎児は母親の体の中で成長する。哺乳類以外の動物の多くは卵を産み、胚は卵の中で成長する。
鳥などの陸上に産み落とされる卵には殻があるので、卵の中の湿度は一定に保たれる。一方、カエルなどの水中に産み落とされる卵は殻がなく、小さくて柔らかい。

パート3
植物はどんなしくみなの？

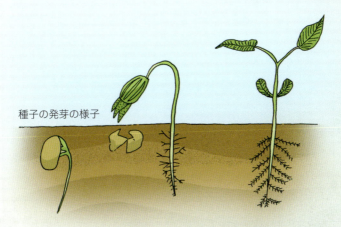

種子の発芽の様子

熱帯や温帯の森林にはさまざまな木々が生え、凍るような寒帯の荒れ地にもコケが広がり、植物はまるでじゅうたんのように地球をおおっています。実際に宇宙から見ると、陸地の大部分は緑色をしています。このような植物のおかげで私たちは生きていくことができます。呼吸に必要な酸素も、エネルギーの源である食べ物も植物がつくってくれているのです。

植物はどこでどうやって育つの?

現在わかっている植物種の半数以上は、熱帯雨林などの暖かくて湿った場所に生えています。それに比べると氷でおおわれた極地で育つ植物はずいぶん少ないのですが、北極圏にも森林はあるし、南極にもコケが広がっています。気温が低く、土の質もよくない高い山で育つじょうぶな植物もあれば、雨のほとんど降らない暑い土地で育つ乾燥に強い植物もあります。

とはいっても、真っ暗な洞窟や、深くて暗い海では光が届かず、植物は養分をつくれないのでまったく生えていません。

植物の発見
これまでに25万種ほどの植物が発見されている。今も新しい植物が次々と見つかっている。

ほら、これも!

植物はどのように育つの?

植物は**分裂組織**という部分から成長していきます。分裂組織の細胞は、植物の必要とするありとあらゆる細胞に分化することのできる、とりわけ適応性の高い細胞です。どの植物も根の先と、茎の芽の部分に分裂組織がたくさんあります。

植物は茎の先にある分裂組織から上に向かって成長します。ところがこの先の部分は動物に食べられたり、傷ついたりすることがあります。そのため、草などは地面に近い部分に分裂組織があって、そこから成長していきます。このような植物は食べられたり、刈り取られたりしても、すぐにまた成長を始めることができます。

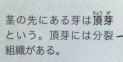

海の植物?
海藻は植物のように見えるけれども、じつは植物よりももっと単純なつくりの原生生物で、根も茎も葉もない。海藻の細胞は必要なものは海水から直接取り込む。

茎の先にある芽は**頂芽**という。頂芽には分裂組織がある。

この植物はセイヨウオトギリ。どこにでも生えているが、とくに草地に多い。

植物のつくり

このキクは植物の代表といっても
いいようなつくりをしていま
すが、すべての植物に同じ部
分があるわけではありませ
ん。

花はきれいな色といい匂いで昆虫を
引きつけ、花から花へ花粉を運んで
もらう。

葉は日光に当たり、二酸化炭素を吸
収して養分をつくる。

茎は硬く、植物がまっすぐ育つ
ように支える。

地面の下では根が水分と養分を
吸収する。また、根は土の中に
入り込んで植物の体をしっかり
と支える。

植物のしくみは？

葉ってなにをしてるの？

植物は、日光の光エネルギーを利用して葉で養分をつくります。このようなしくみを**光合成**といいます。

光合成が起こると、二酸化炭素と水が反応してグルコース（これが養分です）という糖と酸素ができます。この反応を式で書くと次のようになります。

二酸化炭素＋水（＋光エネルギー）⟶ グルコース＋酸素

光合成は細胞の中にある**葉緑体**という部分で行われます。

アフリカの砂漠などの乾燥した場所に生える植物には葉に水をためるものもある。

葉にはなにがあるの？

葉の表側は長い**柵状細胞**、裏側は丸い**海綿状細胞**でできています。どちらの細胞にも葉緑体はありますが、柵状細胞の方が多いです。葉の表面は上皮細胞でおおわれています。

根から茎を通って上がってきた水は葉に入ります。

光合成で使われなかった水は水蒸気になって空気中に出ていきます。このようなしくみを**蒸散**といいます。

落葉樹

落葉樹は冬がくる前に葉を落とす。葉がないと水が外に出ていかないので、地面の水分が凍って利用できなくなったとしても大丈夫。

常緑樹

常緑樹は冬の間も葉を落とさない。常緑樹の葉は小さく、ろうのようなものでおおわれているので、寒い季節でも水があまり外に出ていかない。

葉はこんなつくりになっている。

青色の穴は**気孔**。気孔は葉の表面にある。気体や水蒸気は気孔を通って出入りする。

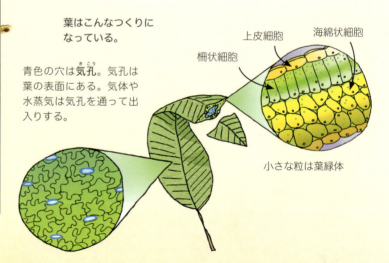

上皮細胞　海綿状細胞　柵状細胞　小さな粒は葉緑体

植物のしくみは?

なぜ葉の色は変わるの?

たいていの葉が緑色なのは、**クロロフィル**(葉緑素)があるからです。クロロフィルとは葉緑体の中にある緑色の色素です。日光の光エネルギーを、植物が利用できる形に変えるはたらきがあります。

葉には赤色や黄色やオレンジ色の色素もありますが、ふだんは緑色のクロロフィルによって隠されています。秋になると多くの木の葉でクロロフィルが壊れるので、赤色や黄色に見えるようになります。

植物に酸素は必要なの?

動物と同じように、植物も呼吸をするから酸素は必要です。このとき、二酸化炭素を老廃物として体の外に出しています。ところが全体で見ると、光合成でつくる酸素の方が、呼吸で使う酸素よりも多いです。こうして余った酸素を動物が呼吸に利用しているのです。

植物は昼も夜も呼吸をしていますが、昼は光合成の方がさかんに行われています。夜は光合成を行わないので、二酸化炭素を体の外に出しています。

藻類がつくる酸素の量

川や湖や海にいる藻類も光合成をして酸素を外に出している。ただし、藻類は植物ではなく原生生物。藻類のつくる酸素をすべて合わせると、陸上の植物のつくる酸素よりもずっと多い。

私たちが吸っている酸素

植物が1年につくる酸素の量は空気中の酸素のうちのほんのわずか。けれども、現在の空気中の酸素は、植物がとても長い時間をかけてつくり出してきたものだ。だから今、私たちが吸っている酸素は何千年も前に植物がつくったものかもしれない。

昼は呼吸と光合成を行っている。全体で見ると二酸化炭素を使って酸素をつくっていることになる。

夜は呼吸だけ行っている。酸素を使って、二酸化炭素を体の外に出している。

根から水分や養分を吸収する

ほとんどの植物は根に生えている小さな毛（根毛）から水分と養分を取り込みます。根毛はとても細いので、細かい土の粒子の間にうまく入っていきます。

根毛はおもに根の先のあたりに生えています。根が長くなるにつれて、古い根毛はしおれ、新しい根毛が伸びてきます。根の先は硬いキャップのような組織（根冠）で守られながら、土の中を押し進みます。

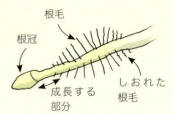

根毛／根冠／成長する部分／しおれた根毛

タンポポには真ん中に太い根（主根）が1本伸びている。主根からは細い根（側根）がたくさん生えている。

スズメノカタビラには長くて細いひげ根がたくさん生えている。どの根も茎から出ている。

養分を地中にため込む植物

養分を地面の下の根や茎にため込む植物があります。ためた養分はおもに、春になっていっきに成長するときに使われます。また、この部分は動物にとってもごちそうになります。

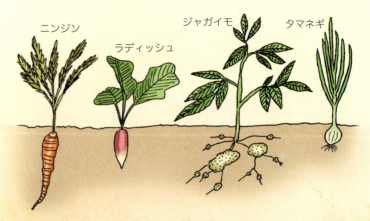

ニンジン　ラディッシュ　ジャガイモ　タマネギ

根のない植物

コケ植物のツノゴケやゼニゴケには、水分を運ぶための根や管はなく、体の表面から水分を取り込んでいる。だからこのような植物は湿った場所に生えている。

大量の水を消費する木

浴槽をいっぱいにするくらいの水を毎日、取り込んでいる木もある。

昆虫を養分とする植物

光合成だけでなく動物からも養分を取り込む植物がある。たとえばウツボカズラは、内側の壁がつるつるしている袋をもち、ここに昆虫がよく滑り落ちて、袋の底の液体に真っ逆さま。この液体で昆虫を溶かし、養分として吸収する。

水分と養分を運ぶ管

ほとんどの植物には、水分と養分を運ぶ**木部**と**師部**という組織があります。木部には根から取り込んだ水分を運ぶ管、師部には葉でつくられた養分を運ぶ管があります。

木部と師部は**維管束**というまとまりになって植物の中を通っています。維管束には植物を支えるはたらきがあります。とくに木部の管は木のような厚い壁でしっかりしています。

植物の茎の横断面。部位ごとに色を変えて示す。

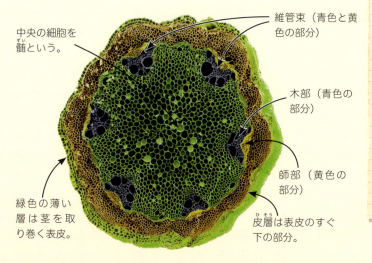

中央の細胞を髄という。

維管束（青色と黄色の部分）

木部（青色の部分）

師部（黄色の部分）

皮層は表皮のすぐ下の部分。

緑色の薄い層は茎を取り巻く表皮。

木部の管を見てみよう

1. 容器に水を入れ、食用色素で色をつける。

2. セロリを1本、根元からはずす。

3. 1の水にセロリを1時間ほど浸しておく。

水に浸した方のセロリの端を見てみよう。色のついた水を吸い上げた部分がわかるよ。そこが木部の管だ。

木部の管

木の年輪

木では木部と師部は輪になっている。毎年1本ずつ新しい輪（年輪）ができ、この部分に木部がある。

師部の輪は樹皮側にある。

木部の輪（1年に1本できる）

植物はどういうときにしおれるの？

健康な植物の細胞には液体がめいっぱい詰まっています。細胞膜が細胞壁までぱんぱんに膨らんでいるので、細胞と細胞は押し合う状態になります。この押し合う力のおかげで植物はしゃんとしています。

ところが植物から水分が失われると、細胞は押し合わなくなり、植物はぐにゃりとしおれてしまいます。このような現象は暑さで土がひからびる夏によく起こります。

植物はどうやってふえるの?

ほとんどの植物は花を利用してふえていきます。花では、めしべのもとに**胚珠**、おしべの先のやくで**花粉**がつくられます。花粉がめしべの先の**柱頭**につくことを**受粉**といいます。受粉すると、種子がつくられ始めます。そして、できた種子から新しい植物が育ちます。

花の中はどうなってるの?

花のつくりを見てみましょう……

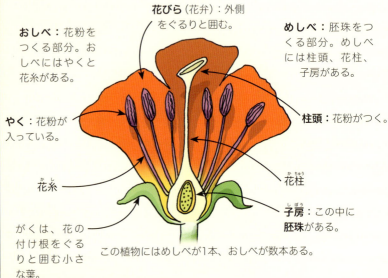

おしべ：花粉をつくる部分。おしべにはやくと花糸がある。

花びら（花弁）：外側をぐるりと囲む。

めしべ：胚珠をつくる部分。めしべには柱頭、花柱、子房がある。

やく：花粉が入っている。

柱頭：花粉がつく。

花糸

花柱

子房：この中に**胚珠**がある。

がくは、花の付け根をぐるりと囲む小さな葉。

この植物にはめしべが1本、おしべが数本ある。

種子はどうやってできるの?

受粉すると、花粉から花粉管が伸びていきます。花粉管の中では、精細胞が移動し、胚珠へ向かいます。精細胞は、胚珠の中の卵細胞と受精し、受精卵ができます。受精卵は体細胞分裂を繰り返して、胚珠全体は種子となります。種子の多くは子房の中にできます。

送粉の方法

花粉が別の植物に運ばれることを送粉という。送粉にはいろいろな方法がある。

昆虫に運ばれる

花は蜜をつくって昆虫を引きつける。やってきた昆虫に花粉がくっつき、そのまま別の花に運ばれる。

水に運ばれる

水の中に生える植物の花粉は水といっしょに流される。

風に運ばれる

やくが長い植物は風に揺られて花粉を飛ばす。

植物のしくみは？

花から果実へ

子房の中で種子がつくられ始めると、花のまわりの花びらがしおれてきます。やがて子房が膨らんで果実となります。

種子を運ぶくふう

植物は種子を遠くまで運ばなければなりません。そうしないと同じ場所に生えすぎてしまうからです。果実に綿毛や羽根をつけ、風に乗って遠くまで運ばれる植物や、さやのはじけた勢いで果実をばらまく植物があります。

動物に種子を運んでもらう植物もあります。べとべとした果実やかぎのようなとげをつけた果実は、通り過ぎる動物にちゃっかり乗せてもらったり、果実を食べた動物に種子を吐き出してもらったり、ほかの場所でふんといっしょに出してもらったりして、遠くまで運ばれます。

種子はどんなふうに育つの？

光と土と水がたっぷりある、ちょうどよい場所に種子が落ちると**発芽**して成長を始めます。

遠くまで運ばれる種子

マメのさやは乾燥すると突然はじけて、種子が飛び出す。

このような形の果実は動物の毛に引っかかりやすい。

軽い種子は風に乗って、ずいぶん離れた場所まで運ばれる。

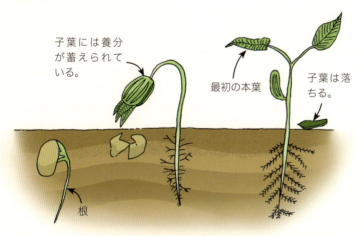

子葉には養分が蓄えられている。

最初の本葉

子葉は落ちる。

根

植物が成長を始めるとき、種子の中にはすでに単純なつくりの葉（子葉）があります。被子植物には、子葉が2枚の**双子葉類**と1枚の**単子葉類**があります。

古代の種子

発芽するまでに長い年月がかかった種子もある。2005年に、およそ2,000年前の種子からナツメヤシを育てることに成功した。生物学者たちはこのナツメヤシに、聖書に登場する最も長生きした人物にちなんで「メトセラ」と名づけた。

植物のしくみは？

胞子によってふえる植物

コケ植物もシダ植物も種子をつくらず、**胞子**(ほうし)（種子よりももっと単純なつくり）でふえていきます。これらの植物は2つの段階を通じて新しい植物をつくります。最初は配偶子の卵細胞と精子が受精して、胞子をつくる体（胞子体）になります。そして、胞子が成長して配偶子をつくる体（配偶体）になります。このようなしくみを**世代交代**(せだいこうたい)といいます。

たとえば、コケ植物のスギゴケはこんなふうにふえていきます。

イヌワラビの葉の裏側。茶色い粒はすべて胞子。

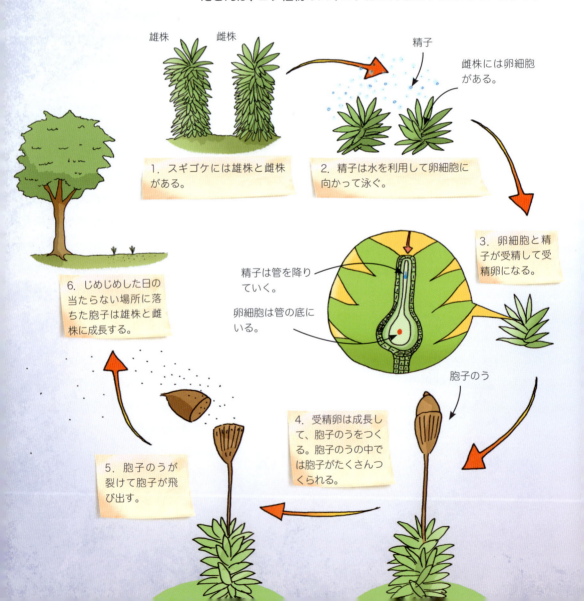

1. スギゴケには雄株と雌株がある。
2. 精子は水を利用して卵細胞に向かって泳ぐ。
3. 卵細胞と精子が受精して受精卵になる。
4. 受精卵は成長して、胞子のうをつくる。胞子のうの中では胞子がたくさんつくられる。
5. 胞子のうが裂けて胞子が飛び出す。
6. じめじめした日の当たらない場所に落ちた胞子は雄株と雌株に成長する。

精子は管を降りていく。
卵細胞は管の底にいる。

クローンをつくってふえる植物

コピーしたように親とまったく同じ遺伝子をもつ植物もあります。このような植物を**クローン**といいます。

地面の上に長い茎（匍匐茎）をはわせ、途中で葉や根を出して新しい個体をつくる植物もあります。新しい個体がすっかり成長すると、匍匐茎はしおれます。

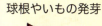

タマネギの球根は養分をじゅうぶんに蓄えているので2つに分けると、まったく同じタマネギが育つ。

イチゴは左右に匍匐茎をはわせ、新しい個体をつくる。

ジャガイモのいもの芽から新しい個体が育つ。どれも親とまったく同じジャガイモになる。

また、地面の下にためた養分を利用して新しい個体をつくる植物もあります。養分をためている部分から芽が出て新しい個体になったり、2つに分かれて新しい個体になったりします。

球根からの発芽

ニンニクの球根には養分がためられています。ここから新しい個体が成長します。小さな球根（鱗片）からどんなふうに育つのでしょうか……

1. ニンニクの球根を割って、鱗片を用意する。

2. 土をたっぷり入れた植木鉢に鱗片を植える。鱗片の丸い方が下になるようにする。

3. 植木鉢を日の当たる場所に置き、毎日水やりをする。

4. 2週間ほどすると、鱗片から新しい芽が出てくる。

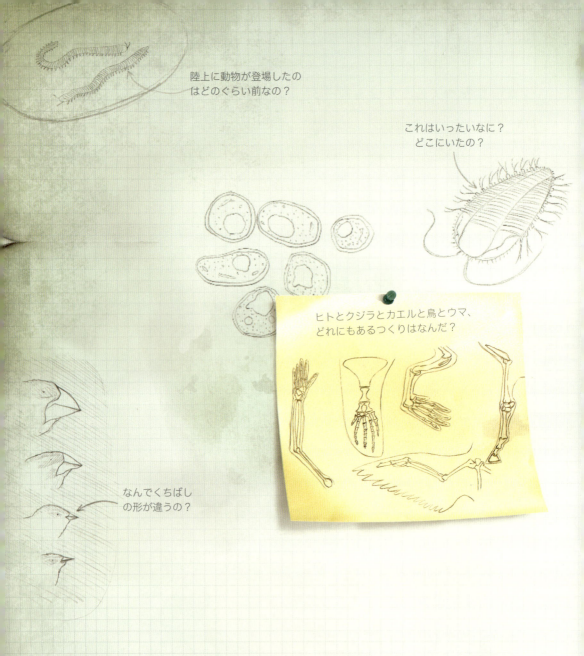

陸上に動物が登場したのはどのぐらい前なの？

これはいったいなに？どこにいたの？

ヒトとクジラとカエルと鳥とウマ、どれにもあるつくりはなんだ？

なんでくちばしの形が違うの？

私は何歳でしょうか？

パート4
生命はどこからきたの？

地球に登場した
ばかりの両生類

　地球に生命が誕生したころの様子や、最初の生命が現在のような生物に変化していった道筋など、生物学者はこの数百年ほどの間でとてもたくさんのことを明らかにしてきました。このような発見は、人を特別な存在だとする昔からの考えとは対立することにもなりました。また、今でもまだなぞが解けていない課題はたくさんあります。

生命はどんなふうに誕生したの？

最初の生命がいつ、どのようにして誕生したのか、じつは生物学者もよくわかっていません。でも、おおよそはこんな様子だったと考えられています……

最初の生物は海で誕生しました。生物が誕生する以前の海は蒸気が出るほど熱くて毒だらけでした。そして海の中では、日光や稲光、火山の噴火、海底の熱水噴水孔からの熱などのエネルギーによって、物質が何度も反応を繰り返していました。やがてその中から、自分のコピーをつくれる物質ができました。

地球上で最初に誕生した生物は単細胞生物です。初期の生物はまわりの物質を分解してエネルギーを取り出していましたが、やがて光合成を行う細菌が現れました。その細菌は、大量に存在する水と二酸化炭素を利用して、養分と酸素をつくり出しました。この細菌が生きていた痕跡は、ストロマトライトという層状構造をもつ岩石から発見されています。

多細胞生物の誕生

単純なつくりだった単細胞生物が少しずつ複雑なつくりをもつ単細胞生物に変わっていきました。それから数十億年がたち、細胞がいくつかつながった**多細胞生物**が登場します。多細胞生物の体をつくる細胞はそれぞれ役割が違っていました。ここから、今もまだ続く、生物の長い変化の歴史が始まりました。

生命誕生の研究

1953年、ハロルド・クレイトン・ユーリーとスタンリー・ロイド・ミラーが、できて間もない地球の条件と物質の再現に取り組んだ。すると1週間もしないうちに生命の最も基本となるアミノ酸がいくつかできた。

その後、もっと複雑な物質もつくったけれども、生物をつくり出すことはできなかった。

私たちはエイリアン？

生命に必要な物質は、小惑星に乗って地球に運ばれてきたという説がある。最初の細胞も、地球以外の場所で誕生して、小惑星といっしょにやってきたと考える生物学者がわずかだけれどもいる。

このストロマトライトという岩石は、細菌がつくったものである。太古の地球では、このような岩石だけが生命が存在する証しだったのかもしれない。

化石から生命の歴史を読み取る

遠い昔に生きていた生物は、存在していたことを示す記録がほとんど残っていません。けれどもかけらみたいなものが残っていることがあり、専門家はそれをつなぎ合わせて生命の歴史を突き止めてきました。生物の古い記録とは、生物の残したものが石のようになった**化石**です。化石は何百万年もその姿を変えることがありません。

化石ってどんなふうにできるの？

1. 生物が死ぬ。体は腐るけれども、硬い部分は残る。

2. 残った部分が泥におおわれ、泥にどんどん埋まっていく。

3. 泥が硬くなって岩石になる。水といっしょに、水に溶けている鉱物もしみこんでくる。

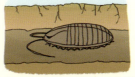
4. 残った硬い部分に鉱物が少しずつ入ってきて石に変わる。

5. 残った硬い部分が化石になる。一方、化石が埋まった大地は少しずつ変化している。

6. あるとき、大地が地震などで動いたりすると化石がひょっこり現れる。

生物の死骸は残念なことにたいてい化石になる前に食べられたり、腐ったりします。とくに体の柔らかい生物は化石になりにくいです。また、陸上の死骸が、化石になれるほど速く泥におおわれることもあまりありません。化石ができても、多くは地下深くに埋もれたままで、発見されていません。

閉じ込められた動物

樹脂や樹液などのべとべとするものに動物がはまってしまうことがある。その状態でかたまると、逃げられなかった動物は閉じ込められたまま保存される。

この写真は3,500万年前に樹液に閉じ込められたシロアリ。樹液がそのままかたまって琥珀となった。

生痕化石

はるか昔に死んだ動物の足跡や、巣穴や巣、ふんなどの跡が残っていることがある。こういった記録を生痕化石という。

下の写真は2億5,000万年以上前に生きていた、背中に「帆」をもつ大形の爬虫類の足跡。

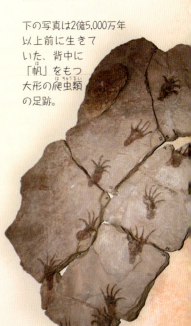

生命はどこからきたの？

生命の歴史――誕生から現在まで

地球で生命がどのように変化してきたかを年表にまとめました。初期に現れた生物は、現在生きている生物とはずいぶん違っていました。

陸上では……

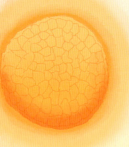

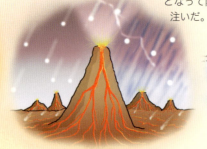

隕石が次々と降ってきた。

火山から噴き出る蒸気が雨となって降り注いだ。

地球の表面はとても冷えて……

海が凍った。

地球が誕生した。

酸素が少しずつたまりだした。

約46億年前 ―――――――――――――――――― 6億年前

単細胞生物が海にすみ始めた。

光合成を行う細菌が現れた。

多細胞生物が現れた。

海の中では……

🌱 地球の歴史を1日にすると……

地球が誕生してから現在までを1日で表してみよう。
1日の後半に多くのことが起きている。

・午前0時、地球が誕生した。
・4：10ごろ、最初の単細胞生物が現れた。
・21：00を過ぎたころ、体の一部が硬い物が現れた。
・22：45ごろ、陸上を恐竜が歩き始めた。
・日付が変わる4秒ほど前、現生人類が登場した。

人の寿命を当てはめると1,000分の1秒で終わってしまう。

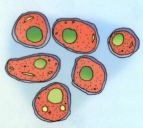

核をもつ細胞が初めて現れた。

最初に現れた生物は柔らかいので、化石はあまり残っていない。

クラゲに似た動物が海底をこすって餌を食べていた。

生命はどこからきたの？

大量絶滅

この印は、大量絶滅（たくさんの生物が一度に絶滅すること）が起こった時代を表す。

この年表では、現在から46億年前までさかのぼっている。

年表の上の部分では、その時代の陸地にすんでいた生物、下の部分では海にすんでいた生物を紹介する。

陸上は再び暖かくなった。まだ生物はいなかった。

植物の背丈はどんどん高くなっていった。

陸地に現れてすぐの植物

ヤスデ

藻類が陸地に広がった。

最初に植物が上陸して……

……そのあとに動物が上陸した。

| 5億5,000万年前 | 5億年前 | 4億5,000万年前 | 大量絶滅 | 4億年前 |

魚に近い動物が現れた。

たくさんの生物が体の一部に硬い部分をもち始めた。

海は生命であふれかえった。

あごがない魚のような動物が現れた。

この動物の背中には体を支える単純なつくりがあった。

あごをもつ魚類

白い殻のような管はクロウディナという動物。

硬い殻をもつ動物が海の中をちょこちょこ動き回っていた。

このころのたくさんの生物の化石がバージェス頁岩という地層に埋まっている。

海底にはサンゴや軟体動物など、たくさんの種類の動物がすんでいた。

生命はどこからきたの？

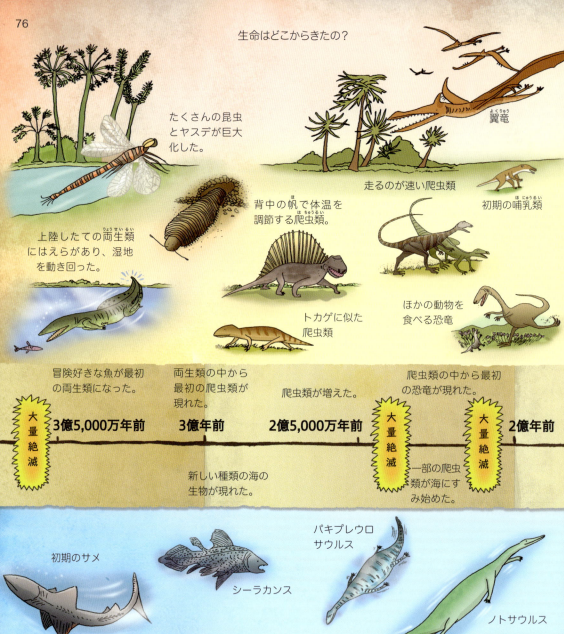

生命はどこからきたの？

新しい種はどんなふうに誕生するの？

新しい種は絶えず現れているのですが、なにもないところから突然誕生するわけではありません。今いる種が少しずつ変化して新しい種になるのです。こうやって変化して新しい種が現れることを**進化**といいます。進化というつながりで見ると、すべての生物は、一番初めに生命が誕生してから現在に至るまで、ひと続きの長い鎖のように結びついてます。

進化の証拠はあるの？

たとえ見た目は違っていても、新しい種には祖先と同じ特徴がたくさんあります。このような特徴を手がかりにして化石の記録をたどることで、ある種がどのように進化したのかを調べることができます。化石の記録はつぎはぎですが、くわしく調べるとたくさんの生物の中で同じような特徴があることがわかります。

さらに、現在生きている生物の中にも進化の証拠があります。さまざまな種の間に、共通の祖先から受け継いだ同じような特徴がかくれていることがあるのです。たとえば、脊椎動物の多くは同じような骨格をもっています。これは、みな同じ1つの種から進化してきたことを示す証拠です。

鳥肌が立つのはなぜ

寒かったり、怖い思いをしたりすると皮ふに小さなぶつぶつ（鳥肌）ができるよね。これは私たちが祖先から受け継いできた反射による現象なんだ。

ぶつぶつができるのは、筋肉が皮ふの毛を立ち上がらせるため。毛のたくさんある動物ならば、毛が立ち上がると暖かい空気を閉じ込めたり、体を大きく見せたりする効果がある。

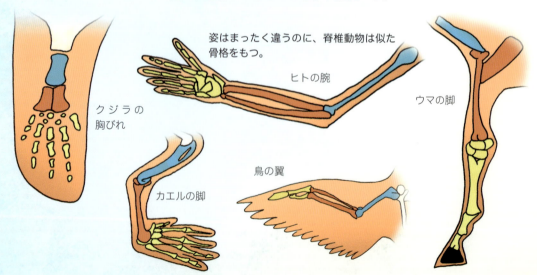

姿はまったく違うのに、脊椎動物は似た骨格をもつ。

クジラの胸びれ　ヒトの腕　ウマの脚　カエルの脚　鳥の翼

進化ってどんなふうに起こるの？

雄と雌の配偶子が受精すると、多くの場合、親とは違う遺伝子の組み合わせをもつ生物ができます。たとえば、子の遺伝子が新しい組み合わせになった結果、親の花よりもめしべが長くて大きな花ができたりします。

自然界では、食べ物や水やかくれる場所などをたくさんの生物が利用しようとしますが、それらには限りがあります。必要なものを手に入れるために、生物は別の種の生物と争ったり、同じ種のなかまどうしで取り合ったりします。その結果、すんでいる環境に適した遺伝子をもつ生物ほど長く生きることができます。一方、そうでない生物は食べ物を手に入れられなかったり、ほかの生物に食べられたりして、死んでしまいます。

長く生きる生物ほど多くの子を残せます。すんでいる環境に適した親の遺伝子を受け継いだ子は長生きするので、子をたくさん産みます。そうすると、すんでいる環境に適した遺伝子をもつ生物が少しずつ増え、このような遺伝子が何世代にもわたって受け継がれるうちに新しい種に進化します。このような自然界で起こる遺伝子の広がりを**自然選択**といいます。

自然選択はだれが思いついたの？

自然選択による進化の理論を最初に考えついたのはチャールズ・ダーウィン（1809〜1882年）とアルフレッド・ラッセル・ウォレス（1823〜1913年）です。1859年、ダーウィンは、それまでの考え方とはまったく違う自分の理論を『種の起源』という本にまとめて発表しました。

すべての生物は創造主である神によって設計されたと、当時はおおかたの人が考えていました。だから、じつは競争や遺伝や時間が「生命の設計」に大きくかかわっているというダーウィンの理論を知った人たちはとてもびっくりしました。

現在でも進化についてはまだわからないことがあって、考えは1つにまとまっていませんが、新たな発見もあり、進化の全ぼうが解明されつつあります。

首の長さの変化

ある草食動物は木の葉を食べていた。そんな中で首の長い個体は、高い場所の葉を食べることができた。

首の長い個体ほど生き残れたので子もたくさん残した。こうして首の長い遺伝子が増えていった。

数百万年がたつと、その草食動物は木のてっぺんまで届くようになった。

遺伝子の広がり

進化は自然選択だけでなく偶然によっても起こる。環境に適しているわけではない遺伝子がたまたま広がっていくことがある。あるいは大災害が起こってほとんどの種が絶滅してしまったのに、運よく生き残る種もある。このように偶然によって起こる遺伝子の広がりを遺伝的浮動という。

生命はどこからきたの？

進化の起こる速さは？

進化はつねに起きています。ただし、とてもゆっくりです。何億年もの間、ずっと変わらない種も珍しくありません。ですが、ときおり突然あわただしく進化することもあります。
地球の地形は絶えず変化し続けていて、地下の巨大な力に押されて新しい島や山脈ができたりもします。新しい島ができると島ごとに種の集団が分かれて生活することがあります。集団はそれぞれの島の環境に適するように進化します。するとわずか数百年のうちに別の種が生まれます。

なぜ大量絶滅は進化を速めるの？

途方もない種類の生物が一度に絶滅する**大量絶滅**がときどき起こります。大量絶滅は、これまでに5回起こったと考えられています。
気候が変わったり、海面が上がったりあるいは下がったりすると大量絶滅が起こります。また、隕石の衝突や火山の噴火によってちりが舞い上がり、太陽の光や熱がさえぎられても大量絶滅は起こります。このような環境の変化に合わせることのできない種は絶滅し、次々と進化してきた新しい種が、絶滅によってできたすき間を埋めていきます。
たとえば、一番初めに現れた哺乳類は小形のネズミのような姿をしていて、恐竜が地球を支配していた1億6,000万年ほどの間、いっしょに生きていたと考えられています。ところが約6,500万年前に恐竜は大量絶滅してしまいました。それは、隕石が衝突して舞い上がったちりによって太陽の光と熱が届かなくなってしまったからだと考えられています。
そのわずか数百万年後、生き残った哺乳類は進化を始め、ウマやネコ、サルに似た霊長類など、それまでにない姿をした動物がたくさん登場しました。

特殊なくちばし

南アメリカ大陸の西にあるガラパゴス諸島にはフィンチという鳥が十数種類すんでいる。共通の祖先から進化してきたが、どれもくちばしの形が違う。それぞれの島にある食べ物を食べやすいような形をしている。

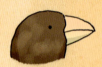

ガラパゴスフィンチは大きくて先の鋭くないくちばしで、種子や木の実を砕く。

ダーウィンフィンチは鋭くて細いくちばしで、岩の割れ目から昆虫を捕まえる。

ハシブトダーウィンフィンチは大きくて強いくちばしで、果実や葉や木の芽を咬みちぎる。

最悪の大量絶滅

最悪の大量絶滅は2億5,000万年前に起こった。その原因はまだわかっていないが、およそ4分の3の種が絶滅し、海にすむ生物の96％が死に絶えた。

生命はどこからきたの？

人類の進化

人類はこんなふうに進化してきたようです。

この年表では現在から2億7,000万年前までさかのぼっている。

2億7,000万年前
背中に帆をもつ爬虫類が現れた。帆のおかげで自分の体温を調節できるようになった。

2億年前
帆をもつ爬虫類が進化して、最初の小さな哺乳類が現れた。

1億2,500万年前
哺乳類の中から胎生で子を産むものが現れた。

隕石が地球にぶつかり、大量絶滅が起きた。

5,800万年前
すぐに哺乳類はさまざまな種に進化した。木の上で生活する霊長類もこのころ現れた。

6,500万年前
哺乳類は生き残った。たぶん体温を自分で調節できて、あまり食べ物がなくても平気だったからだろう。

3,500～2,500万年前
最初のサルが現れ、続いて最初の類人猿も登場した。

700～600万年前
アフリカで、まっすぐ立って二本足で歩く初期猿人が現れた。

300万年前
まっすぐ立って二本足で歩く猿人の中で脳が大きくなったものが、道具をつくるようになった。

150万年前
ホモ・エレクトスという原人が現れ、狩りや火の起こし方を覚えた。

20万年前
現生人類であるホモ・サピエンスが現れた。

1万年前
人類が世界中に広がり、やがて街や農地をつくり始めた……

……都市が広がり……

現在

……そして、この本を読んでいる。

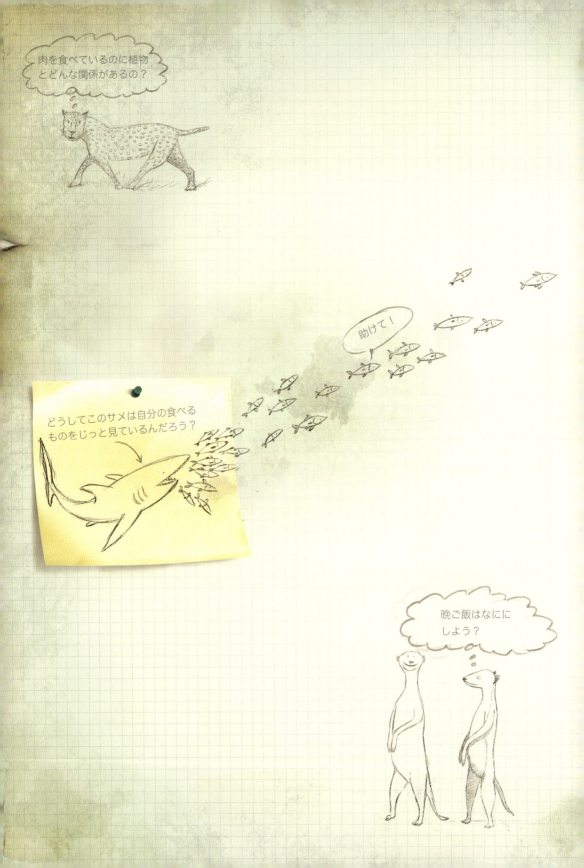

パート5
地球上の生命

地球には数千万もの種がいて、熱帯雨林をはじめ、山や街、真っ青な海など、ありとあらゆる場所にすんでいます。生物が生活している場所や、その場所に合わせて変化してきた様子、まわりにいる生物とのかかわり合いを研究する学問を**生態学**（せいたいがく）といいます。

ここは風通しも日当たりもよく、塩分が多くて、砂質の環境。

生活する場所に適応する

生物がすむ場所を**生息地**といいます。山のてっぺんから海の底まで、腐った丸太から深い森まで、場所や広さに関係なく、生物がいればそこは生息地です。気温、雨の量、土の性質などの生息地に関する条件を**環境**といいます。

生物は生活する場所の環境にうまく合う（**適応する**）ように進化してきました。多くの生物は今いる環境にとてもよく適応しているので、違う場所に連れていかれると生きていけなくなることがあります。

北極は厳しい？

−30℃以下の、雪が深く積もっているような場所ではほとんどの生物は生きていけません。ところが北極で暮らす生物にとってはこのような条件はまったく問題ではありません。

シロクマは分厚い毛皮と脂肪の層を身につけ、寒さから身を守る。温かく過ごせるので、体温はほとんど失われない。

柔らかい雪の上は歩きづらい。ライチョウの足は毛でびっしりおおわれているので、広い面積で体重を支えることができる。だから柔らかい吹きだまりでも沈まない。

北極にはクッションのような形の植物がある。外側の層が、風や寒さから内側の層を守るつくりになっている。

砂漠は絶望的？

たいていの砂漠は日中は猛烈に暑くて、からからに乾いています。ところがこのような厳しい生息地でも力強く生きている生物がいます。

ラクダは1週間に1回だけ水を飲めばいい。自分の息に含まれる水蒸気を鼻でもう一度体に取り込むうえに、ほとんど汗をかかないから。

砂漠にすむ動物の多くは夜、涼しくなってから動き回る。トビネズミは薄暗くなると巣穴から出てきて、砂地をあちこち跳びはねて食べ物を探す。

砂漠の植物は雨期の短い期間に花をつけるものが多い。水が干上がる前のわずか数週間でぐんぐん成長し、花を咲かせて種子をつくる。

地球上の生命

生態系ってなんなの？

たいていの生息地では、微生物や植物、レイヨウのような草食動物、ヒョウのような肉食動物など、たくさんの種がいっしょに生活しています。ある生息地にいる同じ種を**個体群**といいます。その生息地にいるすべての個体群を**生物群集**、すべての生物群集と生息地の環境を合わせて**生態系**といいます。

個体群どうしの関係はとても複雑です。それぞれの個体群がかかわり合って生態系全体がうまく保たれています。大きくて恐ろしい肉食動物ですら、植物や微生物がいないと生きていけません。だから1つの種を取り除いただけでも、すべての種に大きな影響を及ぼすことがあります。

生態系の区分

生態系にはっきりした区分はない。草の葉1枚ほどの小さな生態系もあるし、国全体に及ぶ大きな生態系もある。一番大きな生態系は地球。ありとあらゆる動物、植物、微生物という生物群集と環境からできている。

ここはアフリカの草原の生態系。生物どうしがかかわり合いながら生きている様子を見てみよう。

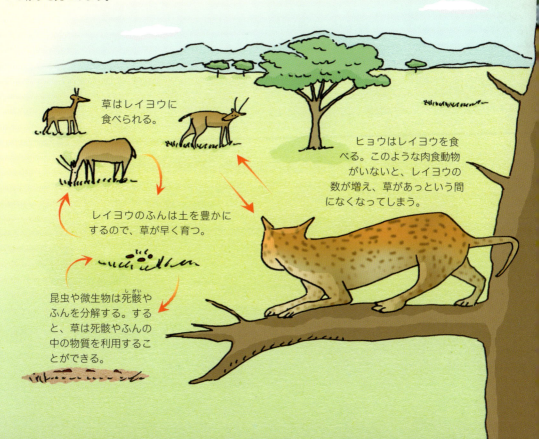

草はレイヨウに食べられる。

ヒョウはレイヨウを食べる。このような肉食動物がいないと、レイヨウの数が増え、草があっという間になくなってしまう。

レイヨウのふんは土を豊かにするので、草が早く育つ。

昆虫や微生物は死骸やふんを分解する。すると、草は死骸やふんの中の物質を利用することができる。

生き抜くためのくふう

種は互いにかかわり合って生きていますが、それぞれの個体は毎日異なった生活を送っています。ほとんどの生物にとって生活は戦いの連続です。食べられないようにしなくてはならない一方で、食べ物を探さなければなりません。このため、多くの生物が、相手に死をもたらす毒や、カミソリのように鋭いかぎ爪、硬い殻、身を守るとげなど、さまざまな武器や防具を身につけています。

生態的地位とは？

生息地には食べ物や水、生活する空間やかくれる場所など、限られた資源があります。生息地の中では、個体群の資源の利用のしかたはほぼ決まっています。これを**生態的地位**（英語では空間やくぼみを意味するニッチという）といいます。生態的地位を考えるときは、すんでいる場所、食べ物、活動する時間などに注目します。

違う種がまったく同じ場所で同じ生態的地位をもつことはできません。たとえそうしようとしても、どちらかがよりうまく適応するようになり、そうでない方を追い出してしまいます。追い出された種は新しい場所へ行かなければなりません。そうでないと死に絶えてしまいます。

とはいうものの同じ資源を利用する種もいます（まったく同じ方法ではありませんが）。たとえば、キリンとサイは1日中葉を食べますが、キリンが引きちぎるのは木のてっぺんの葉、サイがかじるのは背丈の低い木の葉です。フクロウとチョウゲンボウはどちらも小さな齧歯類を襲いますが、フクロウは夜、チョウゲンボウは日中に活動します。

限られているとはいえ、資源はさまざまな方法で利用できるので、数え切れないほどの種が深くかかわり合いながら生きていくことができます。

クマノミの家
イソギンチャクは触手についている毒針で捕食者を追い払ったり、獲物を捕まえたりする。ところがクマノミという魚はこの毒に反応しないため、イソギンチャクをかくれる場所として利用している。

同じ資源を利用する例
ライオンとヒョウはよく似ていて、食べ物が同じ。だからヒョウはあるくふうをしている。

ヒョウはライオンより小さく、1匹で生活する。ライオンなどの肉食動物に奪われないように、獲物は木の上にかくす。

ライオンは地面の上で集団で暮らす。大きな体となかまのチームワークのおかげで、ほかの肉食動物よりも有利である。

地球上の生命

生態系の変化

種はたいていそれぞれの生態的地位をしっかり築いているので、条件さえ変わらなければ生態系は安定しています。ところが病気や気候変動、外来種の侵入などによっていつもと違う状態になると、大きな変化が起こります。たとえ最初は1つの種にしか影響が及ばなかったとしても、やがて生態系全体に広がります。

キーストーン種とは？

生物群集の中ではどの種も重要な役割を果たしていますが、たった1つの種が生物群集全体に大きな影響を与えることがあります。こういった種は生息地を変えたり、種の数のバランスを保ったり、かくれる場所や食べ物をほかの種に与えたりしています。

たとえば、ゾウはアフリカの草原にいなくてはならない動物です。それは、ゾウは木をなぎ倒し、森林が増えすぎないようにしてくれるからです。北アメリカに広がる平原ではジリスのつくる大きな巣穴がほかの動物のかくれる場所になっています。このような種を**キーストーン種**（キーストーンとはアーチでほかの石を支える要石のこと）といいます。とはいえ生態系はとても複雑です。もし、そこにキーストーン種がいるとしても、それがどの種なのかは、生物学者でもなかなか見つけられません。

オーストラリアの種

オーストラリアはほかの大陸と陸続きになっていないので、この大陸でしか見られないとても珍しい動物（固有種）がいる。

たとえば、カンガルーやコアラなど、オーストラリアにすむ哺乳類はたいてい早い時期にとても小さな子を産んで、お腹の袋に入れて育てる。

その一方で、ずいぶん昔に人が連れてきたディンゴ（野生のイヌ科動物）やウサギなど、もともとオーストラリアにいなかった外来種に生態的地位を奪われたため、絶滅してしまった固有種も多い。

これはフクロオオカミ。オオカミに似た肉食動物だったが、ディンゴに生態的地位を奪われて絶滅してしまった。

ウニを食べる動物がラッコしかない沿岸地域の多くではラッコがキーストーン種になっている。
ラッコがいなければウニがいっきに増えて、生態系を壊してしまう。

地球上の生命

食べるものと食べられるものにはどんな関係があるの？

○○動物の語源
英語で肉食動物はcarnivore、草食動物はherbviore、雑食動物はomnivoreという。carnは「肉」、herbは「植物」、omniはという意味のラテン語。

生態系の中では食べ物のエネルギーは生物から生物へと渡されていきます。ほかの動物を食べる動物を**肉食動物**、植物や藻類を食べる動物を**草食動物**といいます。動物も植物も食べる人のような動物は**雑食動物**といいます。

植物と藻類は**生産者**とよばれます。それは、光合成をして自分で養分をつくるからです。植物や藻類のつくる養分はすべての生物のエネルギー源となるので、とても重要です。

生物が食べているものを順につなげていくとひと続きになります。このような関係を**食物連鎖**といいます。食物連鎖は生産者から始まり、最後は肉食動物で終わります。

たとえばこんな食物連鎖がある。矢印は食べられるものから食べるものに向かっている。

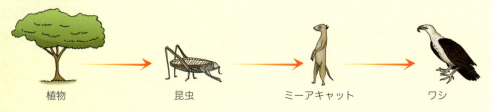

植物 → 昆虫 → ミーアキャット → ワシ

生態系の中にはさまざまな食物連鎖があり、互いにつながって**食物網**をつくっています。

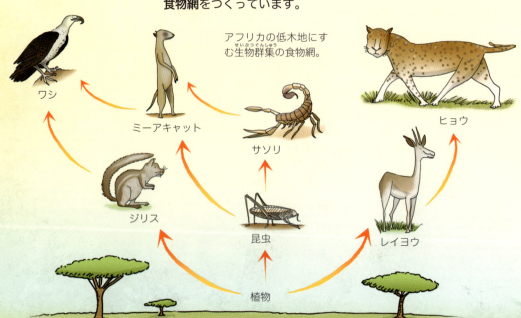

アフリカの低木地にすむ生物群集の食物網。

地球上の生命

食べる量を図に表してみよう

食物網の中のそれぞれの個体群の大きさは、下の図のような横に長い長方形を重ねた**個体数ピラミッド**で表します。長方形の大きさは、食物網の中にいる個体の数を示しています。どの種も自分より下にある長方形の種を食べています。

個体数ピラミッド
（生産者が小さいものの場合）

| ヒョウ |
| レイヨウ |
| 草 |

どの種もたくさん食べないと生きていけないので、長方形は下のものほど大きくなります。生産者が草や藻類など小さなものの場合は、その長方形がピラミッドの中で一番大きくなります。

ところが生産者が木のような大きな植物の場合は、1本でたくさんの動物に食べ物を与えることができます。なのでピラミッドは右の図のようになります。

個体数ピラミッド
（生産者が大きな植物の場合）

| ワシ |
| ミーアキャット |
| 昆虫 |
| 木 |

このような場合は、各個体数ではなく、大きさや重さで表すピラミッドの方が、実際に起こっていることをよく反映します。このようなピラミッドを、**生物量ピラミッド**といいます。生物量ピラミッドでは一番下の長方形が必ず一番大きくなります。

生物量ピラミッド
（生産者が大きな植物の場合）

| ワシ |
| ミーアキャット |
| 昆虫 |
| 木 |

生物濃縮

人のつくり出した毒や汚染物質が食物連鎖に取り込まれ、それが濃縮してしまうことがある。

水銀という毒がほんのわずか混じった食べ物を小さな魚が食べる。

中くらいの魚が小さな魚をたくさん食べる。するとこの魚の体に水銀がたまり始める。

ピラミッドの上にいる捕食者は中くらいの魚をたくさん食べる。この捕食者の体内の水銀はやがて危険な量に達する。

地球上の生命

人が引き起こす問題とは?

人もほかの動物と同じようにいろいろな種と競い合って生きています。けれども現在ではその戦いは公平ではありません。それは、人は長い時間をかけて生息地を自分たちに合うように変えてしまったからです。ときには同じ生息地にいる種を絶滅寸前にまで追いやることもあります。人が引き起こす問題と、解決方法を考えてみましょう。

生息地の破壊

問題となる人の活動：街や農地をつくるために、草原や森林などの生息地を更地にします。また、木材を得るために森林を切り倒します。

その結果：生物はすみかも食べ物も失い、その結果、多くの生物は死に絶えます。

解決のための行動：人が手を加えることのできない大きな「自然保護区」や、街のまわりに「緑地帯」をつくります。野生の動物がすめるように、農地の中に手つかずの場所を残す農家もいます。

公害とごみ

問題となる人の活動：工場や発電所や車から有害な物質や気体が出されます。農家は作物の生育をよくするために肥料を使い、害虫を殺すために農薬をまきます。私たちは毎日の生活の中でごみを大量に出します。

その結果：有害な物質は川や湖などの生態系に害を及ぼします。ある種の気体は空気中の水分とくっついて**酸性雨**を降らせ、植物や動物に死をもたらします。そして、ごみの山は大きくなる一方です。

解決のための行動：現在、有害な気体の発生を減らす方法が研究されています。有害な農薬を使わない農家も増えています。多くの国でごみを減らす運動が起こっています。また、ごみの多くを再生利用しています。

世界の人口の変化

現在、地球上で暮らしている人は1,000年前の22倍もいるらしい。

現在の世界の人口はおよそ76億人。この数はどんどん増えると予測されている。

多量の養分を含む湖沼

湖沼に養分が多くなりすぎると、藻類が異常に増える。藻類が死ぬと細菌によって分解されるが、その量が多いと細菌は水中の酸素を使い切ってしまい、その結果、多くの魚が窒息死してしまう。

気候変動

問題となる人の活動：車や工場などでは、石炭や石油などの燃料を燃やしてエネルギーをつくり出します。

その結果：これらの燃料を燃やすと二酸化炭素などの気体が出ます。二酸化炭素は太陽の熱をため込むため、地球の温度が上がってきたとほとんどの専門家が考えています。多くの種は気候が変わると適応できません。

解決のための行動：石炭や石油の使用を減らし、二酸化炭素を出さないようにしている国があります。石炭や石油の代わりに風や水や太陽など、害のないものをエネルギー源に使うこともできます。

どうして生物学を勉強しなきゃいけないの？

わかっている限り、宇宙の中で生命が存在するのは、この地球だけです。けれども人のせいで、種がどんどん減少しています。次の大量絶滅を引き起こすのは人だと考える研究者も多くいます。

生物学の研究が進んだおかげで私たちは生物をよく理解できるようになりました。これからは生物を守る方法を考えるためにも、生物学の研究が重要となります。だから生物学を勉強するということは、未来の世代の地球を守ることにつながるといえるでしょう。

シロクマは毎年冬になると氷床の上でアザラシを狩る。ところが近年、冬でも氷がどんどんとけるため、シロクマは狩りができなくなってきている。そのため、飢えて死んだり、おぼれて死んだりするシロクマが増えている。

チーターの避難場所

このチーターの家族はケニアの大きな自然保護区にすんでいる。自然保護区では密猟者から守られ、自然の状態で暮らし、狩りもしている。このような保護区をつくって熱心に運営する人たちがいなかったら、もっとたくさんの種が消えてしまっていただろう。

生物学のたどってきた道のり

生物について調べたり考えたりすることを「生物学」という言葉で表すようになったのは、ほんの200年前のことですが、じつは人類は何千年も前からそのようなことをしてきました。大きな影響を残した生物学者、彼らが解き明かしたことや成し遂げたことなど、これまでに生物学がたどってきた道のりをこの年表で見ていきましょう。

紀元前8,500年～

作物の育て方や家畜の飼育方法がわかるようになってきた。農民は一番よい性質の作物や家畜を選んで交配させ、よりたくさんの食べ物を手に入れた。

紀元前590～540年ごろ

古代ギリシャの哲学者アナクシマンドロスは『自然について』という本の中で、自然界の成り立ちを説明した。残念ながらこの本は残っていない。

紀元前460～377年ごろ

古代ギリシャの医師ヒポクラテスは病気を科学的に診断するという考えを提案した。当時、病気の原因は魔術や霊のせいにされていた。

紀元前384～322年ごろ

古代ギリシャの哲学者アリストテレスは自然界を観察していろいろな理論を考え出した。その中には最初の生物分類もあった。

130～200年ごろ

古代ギリシャの医師クラウディス・ガレノスは人体の解剖が許されていない時代だったので、ガレノスの考えには間違いが多かったが、その後1,000年以上も信じられ続けられていた。

1025年

ペルシャの学者イブン・スィーナー（またはアヴィセンナ）は医学の事典『医学典範』を書き上げた。この本はその後、何世紀にもわたって医学の教科書として使われた。

1480年代～1519年

レオナルド・ダ・ヴィンチは人体の解剖を許された。じっくり人体を観察して数百枚ものスケッチを描いた。

1610年代～1620年代

ウィリアム・ハーヴェーは、血液が体中を一方向に向かって流れていることを証明した。また、精子と卵が合体して胚ができることに気づいた。

1670年代〜1723年
アントニー・ファン・レーウェンフックは自分でつくった顕微鏡を使って、世界で初めて微生物や細胞を観察した。

1730年代〜1778年
カール・リンネは、それまでとはまったく違う生物の分類法を考えついた。

1796年
エドワード・ジェンナーは天然痘の安全なワクチンをつくり出した。

1800年代〜1820年代
ジャン・ラマルクは進化を研究した最初の人物。「生物学（バイオロジー）」という言葉を最初に使った。

1850年代〜1860年代
グレゴール・メンデルはエンドウで実験をして、遺伝の規則性を突き止めた。

1850年代〜1880年代
ルイ・パスツールは微生物についてたくさん発見をした。微生物によって食品が傷むのを防ぐ方法も見つけた。

1859年
チャールズ・ダーウィンが、進化は自然選択によって起こるという考えをまとめた本を出版した。

1860年代〜1890年代
ジョセフ・リスターは消毒薬を使って、傷口からの感染による死を防いだ。

1928年
アレキサンダー・フレミングがペニシリンを発見した。その後、ペニシリンから抗生物質がつくられた。

1950年代
ロザリンド・フランクリンが世界で初めてDNAを撮影した。その写真を手がかりにジェームス・ワトソンとフランシス・クリックがDNAの構造を突き止めた。

1996年
スコットランドの生物学者が成体のヒツジの細胞のDNAを使って、親とまったく同じヒツジ（クローン）をつくり出した。このヒツジはドリーと名づけられた。

すごく面白くて とても よくわかる化学

目次

はじめに

- 98 　化学ってなにをするの？
- 100 　化学者はどんなふうに世界を変えてきたの？

パート1　世界はなにでできている？

- 104 　原子ってなに？
- 106 　どんな物質があるの？
- 108 　物質の状態が変わる
- 110 　空気の中の分子
- 112 　物質の性質を知ろう
- 114 　物質を分ける方法

パート2　どんなしくみなんだろう？

- 122 　原子はどんなつくりをしているの？
- 124 　周期表
- 128 　元素と化合物と電子殻
- 133 　イオンや分子をくっつける
- 135 　核反応
- 136 　原子の研究の歴史

パート3　反応させてみよう！

- 140 　化学反応の基礎
- 142 　化学反応の始まり
- 144 　化学反応式を書いてみよう
- 145 　化学者が発見した化学反応の例
- 146 　いろいろな化学反応

パート4　化学はどんなふうに役立っているの？

158　炭素ってどんなもの？
160　金属ってどんなもの？
163　気体を利用する
164　非金属ってどんなもの？
166　あれもこれも化学
167　物質を明らかにする方法

パート5　化学の目で見た宇宙

172　元素はどこから来たの？
174　岩石はどうなってるの？
176　空気はどうなってるの？
177　生物の化学
178　体がはたらくしくみは？
180　化学がたどってきた道のり

実験や工作について

自然物、火、薬品、刃物、壊れやすい物などを扱う場合、
または生き物や体の部位を観察する場合には、
安全性と倫理観に十分ご留意いただき、
できれば保護者や先生、大人の方と一緒に、
配慮をもって取り組んでくださるように
お願いします。

はじめに

化学ってなにをするの？

化学ではさまざまなものをつくっている**物質**を研究して、わかったことを科学の言葉で説明します。物質ってなんだろう、物質にはどんなはたらきがあるの、物質の中はどうなっているの、物質はどうやって変化するんだろうなどの疑問を解くために、泥や煙のような身近なものから、強い酸や爆薬粉など危険なものまであらゆる種類の物質を調べます。

化学者は、疑問が浮かぶと実験をして答えを探します。そしてあるものがなにでできているのか、それがどんなはたらきをしているのかを突き止めます。化学者が不思議に思うのはたとえばこんなことです……

実験室のきまり

化学者はいつも白衣を着ているわけではない。汚れるような物質を研究するときは、きたなくなっても気にならない服を着る。また、危険な物質を扱うときは、体を守るために手袋をはめ、ゴーグルをかける。

本当はなにが入っているの？

あるものの正体を知りたいとき、あなたならどうしますか？　フラスコになぞの液体が入っているとします。こんな怪しげな液体を目にすると化学者の頭には、この液体を調べる方法がどんどん浮かんできます。

この物質はどんなふるまいをするの？

物質によってふるまい方は違います。たとえば、純粋な水は100℃で沸騰します。このようなふるまいを化学では性質といいます。物質の色、固体・液体・気体のどの状態か、水に溶けるか、温度によってどのように変化するか、電流が流れるかなども物質の性質です。

はじめに

物質はなにからできているの？

物質にはたった1つのものでできている物質（純物質）と、いくつかのものが混じってできている物質（混合物）があります。化学者はまず目の前の物質をいくつかに分けてから、それぞれについて調べていきます。

ほかのものに変えることができるの？

多くの物質から別の物質をつくることができます。物質を熱すると別の物質に変わったり、ほかの物質と混ぜ合わせると違う物質になったりします。こういった物質の変化を化学反応といいます。

すべての疑問を解く

化学者は物質のことをくわしく知っていますが、まだまだわかっていないこともあります。しかし、人が実験をするようになってから、新しい物質や、その物質を使う方法がどんどん見つかってきています。

さぁ、ここからは化学者が生み出した、おもしろくて、役に立っている発明の数々を見ていきましょう。

化学者もまだ知らないことだらけ

地球以外の惑星にはどんな物質があるのだろうか？ 地球と同じようなものかな？ それともまったく違うもの？

化学者はどんなふうに世界を変えてきたの？

化学者は物質を用いて実験を繰り返します。物質を混ぜたり、熱したりしてなにが起こるかを調べます。そうした実験の中からものすごい発明が生まれることもあります。化学者のおかげで、世界中があっと驚くほど便利になりましたが、その一部をちょっとだけ見てみましょう。

電池

電池は電気を発生させる。電池は2種類の金属と、その間にある液体（またはのりのような物質）でできている。金属が液体と反応することで電流が流れる。
電池の実験が少しずつ行われるようになってきた1791年、イタリアのアレッサンドロ・ボルタも電池の実験に取り組んだ。ボルタについては250ページでくわしく説明する。

ボルタは最初の実験で感電してしまった。

銀のスプーン　食塩水　スズの棒

マッチ

マッチの先には数種類の物質の混合物（頭薬）がぬってある。頭薬をざらざらした場所でこすると火がつく。発明されたばかりのマッチは簡単に火がつきすぎた。1827年にイギリスのジョン・ウォーカーが「安全マッチ」を発明した。

ガソリンエンジン

エンジンは自動車などを動かす機械だが、そのエンジンをはたらかせるのにも力が必要だ。1870年、オーストリアの科学者ジークフリート・マルクスはガソリンを燃料にしてエンジンを動かす方法を思いついた。それが最初の自動車だった。

藤色の染料の発見

1856年のある日、化学者ウィリアム・パーキンが散らかった実験道具を片付けていたときのこと。おかしなことが起こった。

パーキンは自分の見つけた新しい色を「モーブ（藤色）」と名づけた。当時、紫色の染料を安くつくる方法はなかった。

この汚れをアルコールで洗ってみよう。

うわぁ〜！きれいな紫色に変わった。

これでひともうけできる

ビクトリア女王がモーブ色のドレスを着てからモーブ色がはやった。

はじめに

白い顔料

塗料には顔料という色のついた物質が含まれている。二酸化チタンという顔料は明るい白色で、家の壁に使われる。

二酸化チタンは天然に存在し、1920年代から塗料の原料に使われている。

凍結防止剤

エチレングリコールという物質は液体の凍結防止剤の主成分。エチレングリコールを自動車のフロントガラスに吹きつけると、寒くても凍らない液体の層をつくる。

くっつかないフライパン

1938年、アメリカのロイ・プランケットは冷蔵庫を冷やす物質をつくろうとしていた。ところがなかなかうまくいかず、代わりにとても役に立つ新しい高分子ができた。ロイの研究チームはこの物質をテフロン®と名づけた。

温めるとべとつく物質が多い中、テフロン®は違っていた。この性質を利用してテフロン®はフライパンの表面のコーティング剤に使われるようになった。

ぜんそくの薬

1960年ごろからぜんそくの発作に吸入器が使われるようになった。吸入器にはサルブタモールという物質などが入っている。サルブタモールには呼吸筋を緩め、発作を抑えるはたらきがある。

カイロ

酢酸ナトリウムという液体は登山家にとってはとても重要だ。登山家のリュックには酢酸ナトリウムをつめた小さな袋が入っている。寒くなったら袋についてるボタンを押して固体の酢酸ナトリウム（種結晶）と液体の酢酸ナトリウムを混ぜる。すると液体が結晶になる。このときに発生する熱を利用して温まる。

デジタルカメラ

デジタルカメラのシャッターを押すとカメラに光が入る。すると中の物質が光に反応して電流が流れる。

この電流を電気信号に変え、写真として画面に表示したり保存したりする。

光に反応する物質

パート1
世界はなにでできている？

　世界はじつにさまざまな種類の物質であふれています。輝きを放つ硬い金属や美しい結晶のダイヤモンド、柔らかくてよく曲がるプラスチックに、ぼろぼろくずれる黒い石炭など。こういった物質をもっとくわしく調べていくと、どの物質もびっくりするほど小さな粒、**原子**でできていることがわかります。
　さぁ、これらをじっくり見ていきましょう……

原子を円で表すことがある。Hと書かれたこの円は、水素という元素の原子1個を意味する。

> **元素記号**
> 化学では原子の種類を元素記号で示す。元素記号を使うと簡単に書き表すことができる。124～125ページに元素記号をずらりと並べた周期表があるので見てみよう。

この図は原子。

酸素原子

こちらは分子。

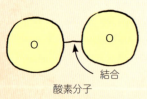

酸素分子

原子ってなに？

原子とは、物質の一番もとになる、とても小さな粒子と考えることができます。物質の基本的な成分を**元素**といい、全部で118種類あります。物質は、純物質（純粋な物質）と混合物に大きく分けられます。純物質はさらに1種類の元素でできた物質（**単体**）と、2種類以上の元素でできた物質（**化合物**）に分けられます。

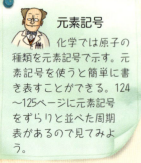

金は元素。金の延べ棒から削り取った金のかけらは、何十億個もの金原子でできている。

どんなに大きな金のかたまりでも、その中には金原子しか入っていません。一方、2個以上の原子でできた**分子**というまとまりでできている物質もあります。

分子ってなに？

分子は原子と原子がくっついたものです。原子どうしがくっつくことを**結合**といいます。たとえば、酸素原子と酸素原子が結合すると酸素分子になります。酸素分子は空気の成分です。
原子は違う種類の原子とも結合します。水分子は水素原子2個と酸素原子1個が結合したものです。ほかのすべての物質と同じように水も原子でできていますが、水原子というものは存在しません。水は、一番小さな水分子が集まってできています。水分子は2種類以上の元素でできているので、単体ではなく、化合物です。

化合物をつくる

化合物は、**化学反応**（くわしい説明は128ページで）が起こったときにできます。
化学反応によって違う種類の原子が結合すると、まったく新しい化合物がつくられます。新しい化合物の性質は、もとの原子のどれとも違います。

物質を混ぜると必ず反応するの？

いいえ。単体や化合物を混ぜても反応も結合もしないこともあります。その場合は物質が混ざっているだけで、**混合物**といいます。私たちのまわりにも混合物はたくさんあります。たとえば空気は気体の混合物です。泥も、土や石や植物のかけらなどいろいろなものの混合物です。

化合物のモデル図

化合物の中の原子をモデル図で示すこともある。たとえば水分子は2通りの図で表される。

その1
水素原子

酸素原子

その2
結合
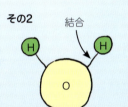

水を元素記号だけで表すとH₂O。

どんな物質があるの？

世界中の物質はすべて単体か混合物か化合物でできています。たとえば……

酸素分子

酸素
酸素は**単体**。私たちが吸い込む空気に含まれている気体。酸素はほかの原子と反応しやすい。つまり酸素の化合物はたくさんある。

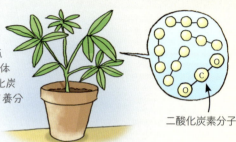

二酸化炭素
二酸化炭素は炭素と酸素の**化合物**。空気中にも含まれる気体で、植物は二酸化炭素と水を使って養分をつくる。

二酸化炭素分子

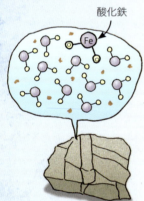

酸化鉄

鉄鉱石
鉄鉱石は**混合物**。酸化鉄という化合物に、別の化合物が少し混ざっている。地面から掘り出した鉄鉱石から鉄を取り出すためにはまずは余分な物質を取り除かなければならない。

水分子

水
純粋な水は酸素と水素の**化合物**。そのほかにはなにも入っていない。

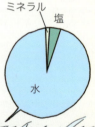

酸素やたくさんのミネラル
塩
水

海水
海水は**混合物**。ほとんどが水で、わずかに塩や酸素などが溶けている。魚は水に溶けている酸素をえらから取り込む。

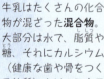

牛乳
牛乳はたくさんの化合物が混ざった**混合物**。大部分は水で、脂質や糖、それにカルシウム（健康な歯や骨をつくる物質）などのミネラルでできている。

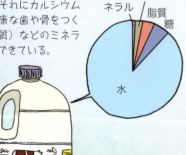

そのほかのミネラル
カルシウム
脂質
糖
水

世界はなにでできている？

人の血液
血液の成分でもっとも多いのは水分で、その次はヘモグロビンを多く含む赤血球である。ヘモグロビンは鉄を含むタンパク質である。血液は、そのほかに脂質、糖、塩分などを含む**混合物**である。

そのほか
水分
細胞成分（赤血球、白血球、血小板）

歯磨き粉
歯磨き粉はおもにフッ化ナトリウム（歯をじょうぶにする）と炭酸カルシウム（汚れをこすり取る）という化合物でできた**混合物**。歯をきれいにして輝かせ、さわやかな息を保つために洗浄成分や甘味料、着色料なども入っている。

甘味料
炭酸カルシウム
フッ化ナトリウム

酢
料理の味つけに使う酢には酢酸という化学名がある。酢酸は炭素と水素と酸素でできた**化合物**。

酢酸分子

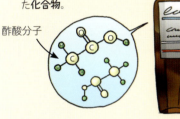

マグネシア乳（便秘薬）
マグネシア乳は2種類の化合物、水酸化マグネシウムと水の**混合物**。水酸化マグネシウムは、消化不良を起こしているときの胃酸のはたらきを抑える。飲みやすくするために水と混ぜてある。

水酸化マグネシウム
水分子

アセトン
アセトンは炭素と酸素と水素でできた**化合物**。マニキュアを取ったり、接着剤をはがしたりするのに使われる液体。

アセトン分子

接着剤
ほとんどの接着剤は、べとっとした化合物（炭素、水素、酸素、窒素でできたシアノアクリル酸など）と匂いの強い化合物（炭素、水素、酸素でできた酢酸エチルなど）が混ざった**混合物**。ゆっくり乾いてかたまっていく。

酢酸エチル分子
シアノアクリル酸分子

注：酸化鉄、フッ化ナトリウム、炭酸カルシウム、水酸化マグネシウムは分子ではなく、イオン結晶である（130〜131ページを参照）。

水銀を見てみよう

水銀は室温で液体の金属。このような金属は水銀だけ。−39℃まで冷やさないとかたまらないし、なんと357℃まで加熱しないと沸騰しない。

水銀は温度を測るときによく利用される。水銀には温めると膨張する性質がある。目盛りのついた温度計に水銀をつめて、膨張の度合いを見れば温度がわかる。

絶対零度

−273.15℃まで温度を下げると原子はまったく動かなくなる。このときの温度を絶対零度という。絶対零度に近い温度をつくることはできるが、ぴったり絶対零度にはできない。だから本当に動かないのかどうかは、まだわからない。

物質の状態が変わる

物質は**固体**、**液体**、**気体**という3種類の状態のどれかで存在しています。ほとんどの物質は固体にも液体にも気体にもなります。たとえば、水はふつう液体ですが、固体（氷）にも気体（水蒸気）にもなります。物質がどの状態になるかは温度によって決まります。

どうして温度が関係しているの？

化学者は不思議なことをいくつも発見してきました。その1つが、じっとしたまま動かないものなど存在しないということ。たとえば硬い木の板で考えてみましょう。目の前にある木の板はどう見ても動いていませんが、じつは木の板をつくっている原子や分子は休むことなく動いています。その動きの激しさは、まわりの温度に左右されます。

冷たいところにある分子にはあまりエネルギーがないので、決まった中にきっちりつまって固体になります。固体の中では分子は動き回りませんが、同じ場所でわずかに震えています。

少し温めると分子はエネルギーをもつようになり、互いに離れて液体になります。分子があちこち動いているので、液体は流れます。

さらに加熱すると分子は活発に動いて気体となり、四方八方ばらばらに飛んでいきます。気体の中では分子は自由に飛び回っています。

氷（固体）

水（液体）

水蒸気（気体）

物質の状態を変える

物質がある状態から別の状態に変わるときの温度は、物質ごとに決まっています。たとえば、固体の氷がとけて液体の水になるのは0℃。この温度を水の**融点**といいます。水は100℃で**沸騰**して水蒸気になります。この温度を水の**沸点**といいます。

物質を冷やすと逆向きに変化します。つまり気体を冷やすと凝縮して液体になり、液体を冷やすと凝固して固体になります。

固体から気体へ変わる物質

ある種の防虫剤に含まれる物質は固体から液体にならないで、固体から気体に変わる。このような変化を**昇華**という。だから、この種の防虫剤を置いておくといつの間にか消えてなくなっていて、匂いだけが残る。

氷がコーラを冷やすわけ

水が沸騰するとどうなる?

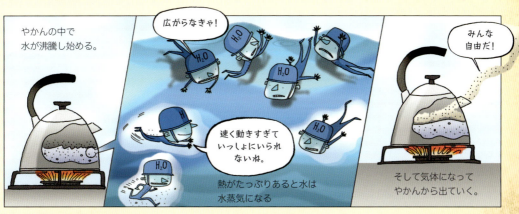

世界はなにでできている？

空気の中の分子

空気はさまざまな分子の気体でできています。すべての気体は絶えず動き回って物にぶつかります。気体がぶつかると物を押して**気圧**（空気の圧力）が生じます。

私たちの体が1つにまとまっているのは気圧のおかげです。体中を駆け巡っている血液が体の外へ向かおうとするのを気圧が押しとどめているのです。皮ふから血液が噴き出さないのは、血液の力と気圧のバランスが保たれているからです。

圧力は物質の状態にどんな影響を与えるの？

物質にかかる圧力の大きさによって、物質内の分子の動きやすさが違ってきます。このため、温度は同じままで圧力だけを変えると物質の状態が変わることもあります。

たとえば、気体を小さな空間に押し込むと大きな圧力がかかります。すると気体は液体に変わり、その空間の中ではずっと液体のままです。

温度をかなり低くすると窒素は液体になります。液体の窒素は無色透明です。液体の窒素を保管するには容器の外壁の内部にもう一つ内壁があって二重にしてある特別な容器を使います。二重になったところは真空にしてあって熱を伝えません。液体窒素を室温で容器から出してビーカーに入れると盛んに沸騰して気体になっていきます。

空気中の分子が自分にぶつかってるなんて、ふだんは気づかないよね。だけど、分子がいつもより速く動くことがある。それが風だ。

水圧

水は空気より重いので、水に潜ると陸上よりも圧力がかかる。
深く潜ると水圧も大きくなる。

深い海に潜る潜水艦の船体はとてつもなく分厚い。あらゆる方向からかかる水圧に耐えなければならないからだ。

黄色の容器には液体の窒素が入っていて、容器を傾けるとまず気体が出てくる。窒素は液体から気体に変わるとき、空気中の分子から熱を奪う。すると空気に含まれる水蒸気が水に変わり、白い霧のように見える。

圧力は気体にどんな影響を与えるの？

気体はどんな空間に入れても、必ずめいっぱい広がります。このため、気体の研究は少々手こずります。17世紀のアイルランドの化学者ロバート・ボイルは、そこをなんとかがんばっていち早く気体の実験に取り組みました。

ボイルは、まず空気を詰め込めるように空気を漏らさない容器を発明しました（友人の物理学者ロバート・フックに手伝ってもらって）。それから空気を出し入れするポンプをつくりました。このポンプを使って実験をしたところ、気体に圧力をかければ体積が減り、その逆も起こることを発見しました。

気体の豆知識
圧力も温度も同じならば、1リットルの気体に含まれる分子の数は気体の種類に関係なくまったく同じ。

ボイルは空気を吹き込まずに風船をふくらませた。

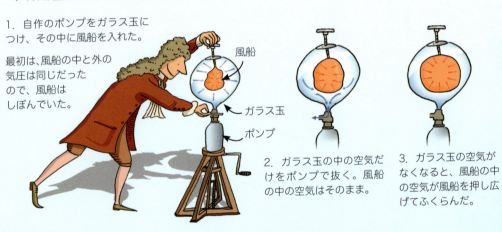

1. 自作のポンプをガラス玉につけ、その中に風船を入れた。
最初は、風船の中と外の気圧は同じだったので、風船はしぼんでいた。

2. ガラス玉の中の空気だけをポンプで抜く。風船の中の空気はそのまま。

3. ガラス玉の空気がなくなると、風船の中の空気が風船を押し広げてふくらんだ。

ボイルは自作のポンプを使ってほかにも実験をしました。そして動物は空気を吸って呼吸をし、ロウソクは空気を使って燃えることに気づきました。けれども空気がなにでできているのかは、最後までわかりませんでした。

空気はいろいろな気体の混合物ですが、その成分は20世紀になるまで発見されませんでした。それぞれの気体を取り出す実験はとても難しかったのです。

空気の成分

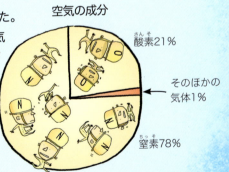

酸素21％
そのほかの気体1％
窒素78％

物質の性質を知ろう

200年前は原子の種類など知られていなかったし、そもそも原子が存在するということもわかっていませんでした。ところが物質にどのようなはたらきがあって、物質はどんなことをするのかについては化学者はよく知っていました。それは、物質の物理的性質や化学的性質というものをくわしく研究していたからです。

食塩の豆知識
- 白い固体で、小さな結晶でできている。
- ナトリウムと塩素という元素でできた化合物。
- 匂いはなくて、しょっぱい。

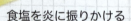

- 沸点は1,413℃。
- 融点は801℃。

物理的性質ってなに？

物理的性質というのは、おもに物質それ自体がどのようなものかという性質です。簡単な例でいうと、どのような外観をしているかというのが物理的性質です。色や匂いや室温での状態などもそう。物理的性質にはわかりやすいものが多いです。

簡単な実験をすればはっきりする物理的性質もあります。たとえば、液体を熱すると**沸点**（液体が沸騰して気体に変わる温度）がわかります。固体ならばたたいてみて粉々に砕けるか、ゆがむか、またはとても強くてへこみもしないかという特徴も物理的性質です。

食塩を炎に振りかける
1. ロウソクに火をつける。
2. 食塩を少しスプーンに乗せる。
3. 食塩をロウソクの炎に振りかけ、観察する。

オレンジ色の小さな火花が現れる。これは食塩に含まれるナトリウムがオレンジ色の炎を上げるから。

化学的性質ってなに？

化学的性質というのは、おもに物質がすること、たとえば熱したりほかの物質と混ぜたりしたときに物質にどんなことが起こるかといった性質です。燃やすと色が変わったり、水と混ぜると溶けたり、酸と混ぜると爆発したりすることも化学的性質です。

化学的性質を確かめるには化学反応を起こすしかありません。化学反応の起こし方は料理に少し似ています。違う物質を混ぜ合わせたり、熱を加えたりして反応させます。

世界はなにでできている？

物を溶かす

砂糖（溶質）をお湯（溶媒）に入れてかき混ぜると見えなくなります。このような現象を溶解といいます。この場合、砂糖と水分子が混ざっている状態です。結合して化合物になったのではなく、溶液という液体の混合物になったのです。このような溶液ができるのは、砂糖には水に溶ける性質があり、水には砂糖を溶かす性質があるからです。

水には、温めると物を溶かしやすくなるという性質もあります。温かい紅茶を飲んだ後のカップの底にべとべとしたものが残っていることがあります。これは紅茶が冷えたときに出てきた砂糖です。

砂糖と水分子は混ざり合って無色透明の溶液となる。

油は水に溶けない。かき混ぜてもすぐに油が水に浮く。

純物質かどうかを確かめる

1種類の原子または分子からできていて、ほかになにも混ざっていない物質を純物質（純粋な物質）といいます。目の前にある試料が純物質であるかを確かめるには、物理的性質を調べます。

たとえば、純粋な水には100℃で沸騰するという物理的性質があります。水のように見えるけれども100℃で沸騰しなければ、その液体は水以外の物質か、純粋な水ではないということです。純物質にほかの物質が混ざって混合物になると沸点が変わります。

水道水は純物質ではありません。水道水の沸点を測る（正確に測るには実験室にある特別な温度計が必要です）と、100℃を少し超えます。これは、水道水にはもとの水に含まれていたミネラルや、有害な微生物を殺すために少しだけ入れた塩素が混ざっているからです。

気圧と水の沸騰

高い山に登ると地上よりも気圧が低くなり、水の沸点も下がる。つまり山頂では地上よりも低い温度で水が沸騰する。ところが、このお湯は低い温度だから、紅茶を入れてもあまりおいしくないんだよ。

げっ！

物質を分ける方法

化学者は、物質の性質をもとにいろいろ考えて、純粋でない試料から純粋な物質を取り出します。この方法をいっしょに見てみましょう。

割れたガラスと鉄くぎを分けるには？

磁石を使いましょう。鉄くぎは磁石に引き寄せられてくっつきますが、ガラスはぴくりとも動きません。

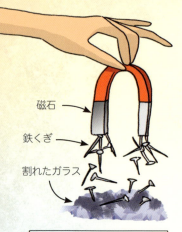

油と食塩の混合物を分けるには？

食塩入りの油を水の入ったビーカーに注ぎましょう。食塩は水に溶けますが、油には溶けません。油は水に浮くので、油をそっと流し出します（または、左の図のような分液ろうとを使って油と食塩水を分けることもできます）。油を取り除いた食塩水を沸騰させて水を蒸発させると純粋な食塩が残ります。

砂と食塩の混合物を分けるには？

この混合物に水を加えましょう。食塩は水に溶けますが、砂は溶けません。水を加えた混合物をろ紙に注ぐと、砂はろ紙の上にたまり、食塩水はろ紙から流れ出ます。このような実験操作を**ろ過**といいます。食塩水を沸騰させて水を蒸発させれば、最後に食塩が残ります。

実験器具をつくる

目的に合った実験器具を使えば混合物を簡単に分けることができる。分液ろうととは、液体の混合物を分けるときに使われる。

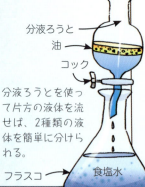

分液ろうとを使って片方の液体を流せば、2種類の液体を簡単に分けられる。

溶液はどうやって分けるの？

物質が液体に溶けた**溶液**を分けるのは少しばかり手強いです。それは、溶液の中には分子がしっかり混ざっているからです。けれども溶けている物質（**溶質**）と溶かしている液体（**溶媒**）のそれぞれの性質がわかれば大丈夫です。

分ける方法 その1：蒸留

蒸留とは、沸点の違いを利用して溶液から純物質を取り出す方法です。

溶液を熱すると沸点の低い物質は沸騰して気体になります。この物質が気体となったあとには、沸点の高い物質が残ります。一方、熱い気体は長いガラス管を通ります。このガラス管のまわりには冷たい水を流しているので、水によって気体の温度が下がり、気体は再び液体になります。こうして純粋な液体として集められます。

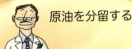

原油を分留する

原油は、いろいろ役に立つ成分の混合物だ。原油に含まれる成分はそれぞれの沸点の違いを利用して、**分留**という方法で分けられる。

原油の中の成分の沸点はどれもみごとに違う。まず約36℃で石油ガス、次に約71℃でガソリン、最後に約515℃で重油・アスファルトが出てくる。

代表的な蒸留装置

蒸留してみよう

砂糖水から純粋な水を蒸留してみよう。

⚠ **危険**
注意：蒸気はとても熱いので注意すること。

1. 鍋に水コップ1杯と砂糖大さじ1杯を入れてかき混ぜる。なめると甘い。

2. 砂糖水を沸騰するまで熱する。鍋つかみで金属製のトレイをもち、トレイで蒸気を捕まえる。

3. トレイの上の蒸気が水滴に変わる。なめてみよう。甘くないはず。

分ける方法　その2：クロマトグラフィー

たくさんの物質が混ざっている混合物を分けるときに**クロマトグラフィー**を利用します。クロマトグラフィーにはろ紙などの紙を使う方法と、物質を気体にして調べる方法があります。

紙を使う**ペーパークロマトグラフィー**では、混合物にどんな物質が入っているのかはわかりますが、純物質を取り出すことはできません。まず混合物を紙の表面につけます。次に、この紙を溶媒（展開液）につけると、各物質は紙に吸い上げられます。

このとき、吸い上げられる速さは物質によって違います。この速さは、物質の紙へのくっつきやすさで決まります。物質が吸い上げられた紙を**クロマトグラム**といいます。クロマトグラムを調べれば、混合物にどの物質が含まれているかがわかります。

ガスクロマトグラフィーは、混合物の中に少しだけ含まれる物質を確かめたいときに利用します。この方法では、ほんのわずかの分子でも調べることができます。調べたい物質を気体に変えて機械の中に送り込むと、機械の中で分子が広がっていきます。広がり方は分子によって違います。その様子をコンピュータで記録し、クロマトグラムをつくります。

クロマトグラムを、すでにわかっている物質のクロマトグラムと比べると、目的の分子の正体を確かめることができます。

ガスクロマトグラフィーでは、機械の中を流れる間に分かれた物質を集めることができます。この方法では物質を確かめると同時に、純物質に分けることもできます。

だれが考え出したの？

ぼく！ ミハイル・ツウェット。植物を緑色にしているのはどんな物質なのかを知りたくて、1901年にクロマトグラフィーを発明したんだよ。

犯罪捜査

刑事の話では、犯罪現場に残っている毒や爆薬など、正体不明の物質を確かめるときはクロマトグラフィーを利用するそうだ。

コンピュータから出てくるクロマトグラムはグラフに似ている。クロマトグラムからはいろいろなことがわかる。

クロマトグラフィーをしてみよう

水性カラーペンには色をつける染料（水に溶ける着色剤）が入っている。
ペーパークロマトグラフィーで染料を分けてみよう。

1. コーヒーのフィルターを細長く切る。細長く切ったフィルターの端に水性ペンで点をつける。

2. 鉛筆にフィルターの端を巻きつけてのりで留め、水を少し入れたガラス容器の口にかける。

3. 数分間、そのままにしておく。インクは紙に吸い上げられて染料ごとに分かれる。

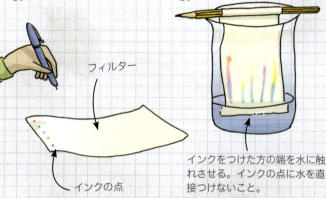

フィルター

インクの点

インクをつけた方の端を水に触れさせる。インクの点に水を直接つけないこと。

インクのクロマトグラム

分ける方法 その3: 遠心分離

遠心分離は遠心分離機という機械を利用して、溶液を密度の違う物質に分ける方法です。密度とは、ある体積（容積）に含まれる質量のことです。密度の小さいものは密度の大きいもの上に浮きます。たとえば、油の密度は水よりも小さいので、油は水に浮きます。
溶液を遠心分離機用の試験管に入れ、遠心分離機にセットします。遠心分離機はとても速く回転して、試験管の底に密度の大きい成分が振り分けられます。

ドーピング検査
スポーツの競技会ではドーピング検査員が遠心分離を利用して選手の血液を調べる。この方法で禁止されている薬を飲んでいないかどうかを確かめる。

化合物を分ける

化合物は混合物よりも分けるのが大変です。化合物を元素に分けるということは、違う種類の分子と分子に分けるだけでなく、それぞれの分子を原子にまで分けることを意味します。

化合物は化学反応によってつくられます。だから別の化学反応を起こせば、化合物を分けることもできます。たとえば、酸化銅を含む岩石を炭素といっしょに加熱すると銅を取り出せます。これは酸化銅の中の酸素が炭素と結びついて二酸化炭素ができるため、純粋な銅が残るからです。

分ける方法　その4：電気分解

化合物には、固体を液体にしたり、水などに溶けたりすると電気を通しやすい状態になるものがあります。このような物質を**電解質**といいます。電解質の化合物に電流を流すと、化合物はばらばらになって分かれます。このようにして化合物を分ける方法を**電気分解**といいます。

アルミナの製造
ボーキサイトは地面から掘り出される岩石だが、化合物の混合物でもある。

工場ではいくつかの反応を組み合わせたバイヤー法を利用して、ボーキサイトから酸化アルミニウム（アルミナ）を取り出す。

バイヤー法でアルミナを取り出すと、小さな岩くずと廃ガスが出る。

電気分解はなんの役に立つの？
物を金属の薄い膜で覆う（めっきする）ときに電気分解を利用する。くぎなど鉄でできたものが錆びないように、亜鉛で覆うときに使われることが多い。このような方法を**亜鉛めっき**という。

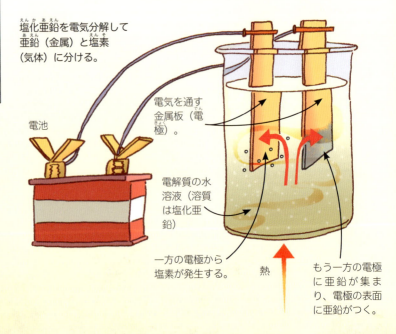

塩化亜鉛を電気分解して亜鉛（金属）と塩素（気体）に分ける。

世界はなにでできている？

ここまでの話のまとめ

世界はなにでできているの？ 化学者がこの質問に答えると……

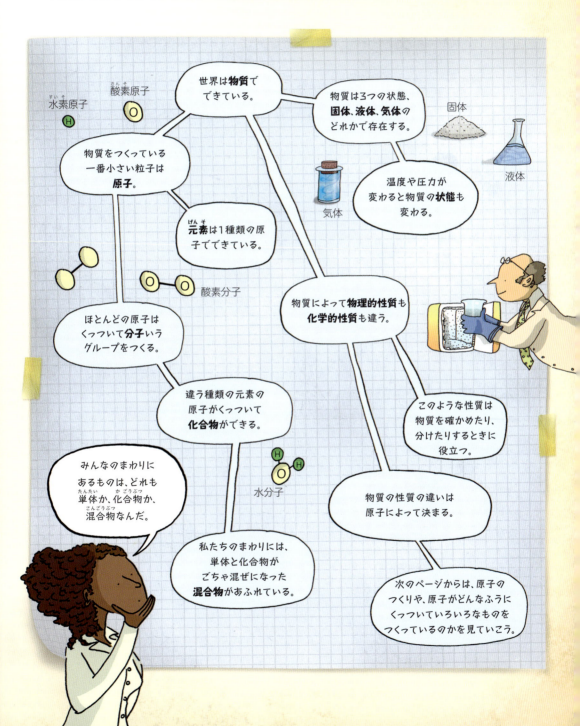

パート3
どんなしくみなんだろう?

化学の裏にかくされている、なぞを解く大きな鍵は原子です。物質によって外観が違ったり、異なる性質を示したりするのは、物質をつくっている原子と関係があります。物質と物質の間で化学反応が起こるのも、物質をつくっている原子のつくりが関係しています。

原子はどんなつくりをしているの？

原子の真ん中には中心となる部分（**原子核**）があります。原子核には想像できないくらい小さな**陽子**と**中性子**という粒子が含まれています。陽子と中性子は同じ大きさです。原子核の周囲には**電子**というもっと小さな粒子があります。電子は原子核のまわりを、層（**電子殻**）をなしてぐるぐる回っています。小さな原子の電子殻は1つだけですが、大きな原子になるといくつも電子殻があります。

陽子と電子どちらも**電荷**を帯びていて（電気をもっていて）、この電荷のおかげで原子が1つにまとまっています。陽子は正の電荷、電子は負の電荷をもっています（中性子は電荷をもっていません）。正と負の電荷は、打ち消し合います。原子に含まれる陽子と電子の数は同じなので、原子は電荷をもたないことになります。

原子の見分け方

簡単な手がかりを1つ探せば原子を見分けることができます。その手がかりとは原子に含まれる陽子の数です。たとえば、陽子を1個だけもつ原子は**水素原子**、6個もつ原子は**炭素原子**です。

原子のつくり

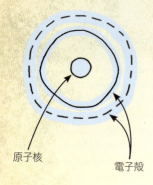

原子核 / 電子殻

電子を感じてみよう

ステップ1 風船をふくらませて、じゅうたんでこする。

ステップ2 風船を頭の上にもっていくと、髪の毛が風船にくっつく。

どうなってるの？
風船をこするとたくさんの電子が風船の表面に移動する。その結果、風船はほんのわずか負の電荷を帯びて髪の毛をくっつける。このような現象を**静電気**という。

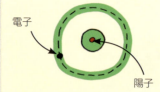

水素原子

電子 / 陽子

水素原子は変わりものの原子で、ふつう中性子をもたない。水素以外の原子はすべて中性子をもつ。ほとんどの原子は陽子とほぼ同じ数の中性子をもつ。

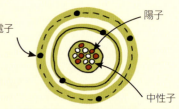

炭素原子

電子 / 陽子 / 中性子

炭素原子の原子核には陽子が6個と中性子が6個ある。2つの電子殻には電子が6個入っている。

どんなしくみなんだろう?

炭素原子のモデルをつくってみよう

原子がどのようにくっついているかを考えるとき、化学者は原子のモデルをつくります。みんなも自分で簡単な原子のモデルをつくってみましょう。材料はブドウ、マメ、食品用ラップ、爪楊枝です。炭素原子のモデルはこんなふうになります。

いろいろな原子のモデル

次のページの周期表を見れば、それぞれの原子のもつ陽子、中性子、電子の数がわかります。ブドウやマメがたくさんあれば、どの原子のモデルも自分でつくることができるよ。

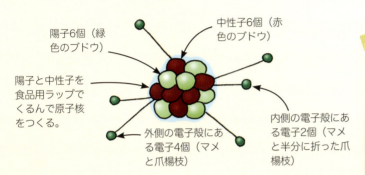

陽子6個(緑色のブドウ)
中性子6個(赤色のブドウ)
陽子と中性子を食品用ラップでくるんで原子核をつくる。
外側の電子殻にある電子4個(マメと爪楊枝)
内側の電子殻にある電子2個(マメと半分に折った爪楊枝)

元素記号

元素の英語名の最初の文字からつけられたものが多い。

O=oxygen(酸素)
C=carbon(炭素)

2文字の元素記号もある。

Mn=manganese(マンガン)
He=helium(ヘリウム)

アラビア語やラテン語からつけられた元素記号もある。

K=pottasium(アラビア語、カリウム)
Fe=iron(ラテン語、鉄)

物質の表し方

化学では記号を使って物質を表します。酸素ならばO_2と表します。Oは酸素を表す元素記号で、右下の2は、酸素原子が2個含まれることを意味します。

化合物の名前は、化合物に含まれる元素の名前をくっつけています。CO_2は炭素原子1個(C)と酸素原子2個(O_2)でできている二酸化炭素です。$CaCl_2$はカルシウム原子1個(Ca)と塩素原子2個(Cl_2)でできている塩化カルシウムです。

元素の名前と記号は全部覚えなくても大丈夫です。それは、周期表という一覧表を見れば名前も記号も調べることができるからです。周期表は、そのほかのことについてもいろいろとわかるので、くわしく見ていきましょう。

H_2Oは水素原子2個(H_2)と酸素原子1個(O)でできているから「一酸化二水素」といいそうだけど、ふつうは「水」という。

なんておいしい一酸化二水素なんだ!

水

どんなしくみなんだろう？

周期表

周期表は、元素を原子番号（原子に含まれる陽子の数）の順番に並べた一覧表です。周期表は横の並びのグループと縦の並びのグループに分けられます。横の並びを**周期**、縦の並びを**族**といいます。族は18あります。

同じ周期の元素は電子殻の数が同じです。同じ族の元素は一番外側の電子殻にある電子の数が同じです。電子殻が元素の性質に深くかかわっている理由は129ページでくわしく説明します。

周期表にはなにが書かれているの？

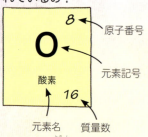

原子番号は陽子の数。
質量数は陽子の数と中性子の数の合計。原子の中心の原子核の量（質量）も表すので質量数という。
電子はとても小さいので質量はないと考えられる（陽子や中性子の質量のわずか1840分の1）。

周期表を思いついたのはだれ？

元素をまとめた表はいくつもつくられていたが、現在の周期表のもとになる表をつくったのはロシアの化学者ドミトリ・メンデレーエフ。1869年に夢の中で思いついたらしいよ。

元素の分類

- 水素はどのグループにも入らない。
- とても反応しやすい金属（126ページ）
- わりと反応しやすい金属（126ページ）
- 遷移元素（126ページ）
- 卑金属（126ページ）
- 半金属（127ページ）
- 非金属（127ページ）
- 希ガス（127ページ）

この2つの横の並びに含まれる元素は金属元素。どちらも周期表に収まらないので、欄外に示す。この並びの元素のほとんどが放射能をもつ（135ページを参照）。

どんなしくみなんだろう？

どの元素でもいいから性質を知っている元素があれば、周期表を見てください。その元素がどんな元素と反応しやすいか、その元素のまわりの元素がどのような性質をもっているかがわかります。

周期表に含まれる元素は今でも増えています。原子番号93までの元素は自然界に存在し、それより大きな番号の元素はすべて研究室でつくられたものです。近年、118番目の元素が発見され、名前がつけられました。

質量数と原子の半径

同じ周期の元素は右にいくほど陽子と中性子が増えるので質量数も大きくなる。ところが意外なことに原子の半径は小さくなる。それは、電荷が増えると陽子が電子を引っ張る力も大きくなり、ぎゅっとくっつくからだ。

族

同じ族の元素はたいてい性質が似ている。同じ族では下にいくほど原子の半径が大きくなる。また、融点は低くなり、ばらばらになりやすい。

				13族	14族	15族	16族	17族	18族	
									2 **He** ヘリウム 4	第1周期
				5 **B** ホウ素 11	6 **C** 炭素 12	7 **N** 窒素 14	8 **O** 酸素 16	9 **F** フッ素 19	10 **Ne** ネオン 20	第2周期
				13 **Al** アルミニウム 27	14 **Si** ケイ素 28	15 **P** リン 31	16 **S** 硫黄 32	17 **Cl** 塩素 35	18 **Ar** アルゴン 40	第3周期
9族	10族	11族	12族							
27 **Co** コバルト 59	28 **Ni** ニッケル 59	29 **Cu** 銅 64	30 **Zn** 亜鉛 65	31 **Ga** ガリウム 70	32 **Ge** ゲルマニウム 73	33 **As** ヒ素 75	34 **Se** セレン 79	35 **Br** 臭素 80	36 **Kr** クリプトン 84	第4周期
45 **Rh** ロジウム 103	46 **Pd** パラジウム 106	47 **Ag** 銀 108	48 **Cd** カドミウム 112	49 **In** インジウム 115	50 **Sn** スズ 119	51 **Sb** アンチモン 122	52 **Te** テルル 128	53 **I** ヨウ素 127	54 **Xe** キセノン 131	第5周期
77 **Ir** イリジウム 192	78 **Pt** 白金 195	79 **Au** 金 197	80 **Hg** 水銀 201	81 **Tl** タリウム 204	82 **Pb** 鉛 207	83 **Bi** ビスマス 209	84 **Po** ポロニウム 210	85 **At** アスタチン 210	86 **Rn** ラドン 222	第6周期
109 **Mt** マイトネリウム 276	110 **Ds** ダームスタチウム 281	111 **Rg** レントゲニウム 280	112 **Cn** コペルニシウム 285	113 **Nh** ニホニウム 278	114 **Fl** フレロビウム 289	115 **Mc** モスコビウム 289	116 **Lv** リバモリウム 293	117 **Ts** テネシン 293	118 **Og** オガネソン 294	第7周期

62 **Sm** サマリウム 150	63 **Eu** ユウロビウム 152	64 **Gd** ガドリニウム 157	65 **Tb** テルビウム 159	66 **Dy** ジスプロシウム 163	67 **Ho** ホルミウム 165	68 **Er** エルビウム 167	69 **Tm** ツリウム 169	70 **Yb** イッテルビウム 173	71 **Lu** ルテチウム 175
94 **Pu** プルトニウム 239	95 **Am** アメリシウム 243	96 **Cm** キュリウム 247	97 **Bk** バークリウム 247	98 **Cf** カリホルニウム 252	99 **Es** アインスタイニウム 252	100 **Fm** フェルミウム 257	101 **Md** メンデレビウム 258	102 **No** ノーベリウム 259	103 **Lr** ローレンシウム 262

どんなしくみなんだろう？

金属

ほとんどの元素は**金属**です。外観を見れば、金属かどうかはすぐにわかります。純粋な金属は輝いていて、この金属特有のかがやきを金属光沢といいます。このほかにも共通した性質をもちます。たとえば……

金属を延ばすと針金になる。金属の針金は電気をよく通す（132ページを参照）。

固体の金属をたたくと鋭い音が出る。

金属はパキッと折れずに曲がる。

反応性の高い金属

1族と2族の元素は反応性の高い金属。このため、純粋な金属としてはあまり存在しない。1族に含まれるナトリウムとカリウムももちろん反応性が高い。そのため、水に触れると燃える。

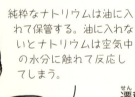

純粋なナトリウムは油に入れて保管する。油に入れないとナトリウムは空気中の水分に触れて反応してしまう。

遷移元素

遷移元素に含まれる元素はたくさんある。遷移元素の多くは純粋な金属として存在するけれども、ほかの金属と混ぜて金属の混合物（合金）として利用されることもある（161ページを参照）。鉄、銅、亜鉛、コバルト、水銀など。

卑金属

13〜16族に含まれる金属は、ほかの族の金属と比べると柔らかくとけやすいものが多い。このため、さまざまなものに利用されている。アルミニウムやスズや鉛など。

缶ジュースの缶はアルミニウムでできたものが多い。アルミニウムは柔らかい金属なのでつぶしやすい。

亜鉛やコバルトなどはステンドグラスの色づけに使われる。

どんなしくみなんだろう？

半金属

13〜16族に含まれる7つの元素は、金属とも非金属ともいえるような性質をもっています。このような中間の金属を**半金属**といいます。

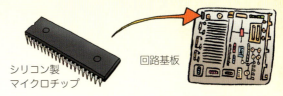

シリコン製マイクロチップ

回路基板

半金属のケイ素はシリコンともよばれる。シリコンは温められたときだけ電気を通す。このような物質を**半導体**という。

マイクロチップはたいていシリコンでつくられ、回路基板で使われる。温度が上がると回路がつながり、下がると切れる。

非金属

金属と違って**非金属**は熱も電気もほとんど通しません。非金属の多くは室温では気体です。
非金属の種類は多くありませんが、空気も海も地殻も、地球のほとんどが非金属でできています。

炭素

化学者がとくにおもしろいと思う非金属元素の1つが炭素（158〜159ページを参照）。炭素はいろいろと役に立つ元素なので**有機化学**という分野で研究されている。

この図は炭素をもとにつくられた鎖のような分子。プラスチックの材料に使われる。

硫黄

硫黄は室温では黄色いかたまりで壊れやすい。火薬やマッチの頭に使われる。

希ガス（貴ガス）

希ガスはほとんど反応しない非金属。4種類の希ガスは、高い電圧をかけると色のついた光を放つ、とても便利な性質をもっている。
夜の街が明るく輝くのは希ガスのおかげだ。

ネオンは赤やオレンジ色の光。
水銀にアルゴンを混ぜると青色の光。
クリプトンは淡いピンク色。
キセノンは紫色。

元素と化合物と電子殻

ほかの元素とくっつかず、単体で産出して利用される元素はあまり多くありません。金や希ガスなどの反応性のとても低い元素はたいてい単体として存在します。銅のように特別な条件の下でしか反応しない元素も単体で存在することがあります。また、炭素のようにとても反応しやすいけれども、単体でも存在する元素もあります。

あまりにもたくさん存在するため、単体で産出される元素もあります。酸素と窒素はどちらも反応性の高い元素ですが、空気中に豊富に存在しすぎて、反応する相手の物質が足りません。

人をはじめ動物は毎日休むことなく酸素を吸い込んでいます。ところがそれ以上の量の酸素を、植物がつくり続けています。だから酸素は使い果たされることがありません。

化合物はどうやってできるの？

ほとんどの物質は単体ではなく、化合物か混合物で存在します。化合物ができるのは原子の中の電子と関係があります。

2個以上の原子がぶつかると互いに跳ね返ります。ところがときどき、原子から原子へ電子が移ることがあります。その結果、原子が互いにくっついて、化合物となります。

このような変化を**化学反応**といいます。化学反応が起こる原因は、原子の外側の電子殻に含まれる電子の数にあります。

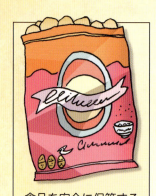

食品を安全に保管する
窒素は袋入りの食品によく使われる。窒素を袋につめれば酸素を追い出せるので、食品の鮮度を保てるというわけ。

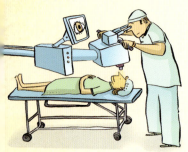

純粋なクリプトンは目の手術用の高性能レーザーに使われる。

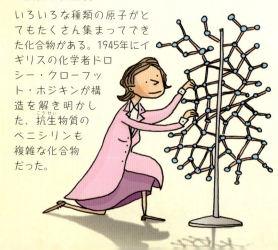

複雑な化合物
いろいろな種類の原子がとてもたくさん集まってできた化合物がある。1945年にイギリスの化学者ドロシー・クロフット・ホジキンが構造を解き明かした、抗生物質のペニシリンも複雑な化合物だった。

電子殻ってどんなふうになっているの？

原子核の一番近くの電子殻には電子が2個、2番目の電子殻には8個入ります。1番目の電子殻がいっぱいになると2番目の電子殻に入り、2番目の電子殻がいっぱいになると3番目の電子殻に入ります。

一番外側の電子殻がいっぱいの場合、この原子が反応する可能性はうんと低いです。これが化学反応の起こる鍵です。別のいい方をすれば、ほとんどの原子は安定な状態になりたいので、一番外側の電子殻をなんとかしていっぱいにしようとします。たとえば、ネオン原子は、一番外側の電子殻に電子が8個入っています。このため、ネオン原子はほとんど反応しません。一方、酸素原子は、一番外側の電子殻に電子が6個しか入っていません。この電子殻をいっぱいにしようとするため、酸素原子はとても反応しやすいです。

本当の電子殻の姿

本当のことをいうと、電子はまん丸のきれいな円を描いて原子核を回っているのではない。
化学者によると、電子は下の図のような雲の形を描きながら動いているらしい。

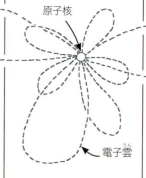

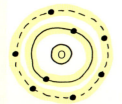

酸素原子の一番外側の電子殻には電子が6個入っている。だからあと2個ほしい。

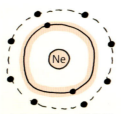

ネオン原子の一番外側の電子殻はもういっぱい。

電子殻をいっぱいにするには？

一番外側の電子殻をいっぱいにするには、電子を増やす以外の方法もあります。一番外側の電子殻に1個か2個、あるいは3個しか電子がない原子は、これらの電子をなくして一番外側の電子殻をいっぱいにします。

たとえば、リチウム原子の3個の電子のうち2個は内側の電子殻、1個は外側の電子殻にあります。この場合、外側の電子殻をいっぱいにするには、7個の電子を探してくるよりも、電子を1個なくした方が簡単です。

遷移元素の性質

遷移元素の一番外側の電子殻には半分だけ電子が入っている（つまり半分空っぽ）。電子を増やしてもいいし、なくしても大丈夫。だから遷移元素の性質はほかの元素の族に比べて予測しづらい。反応性の極めて高い元素もあれば、とても安定している元素もある。

化学反応で電子殻をいっぱいにする方法

化学反応が起こっているとき、原子は電子を渡すか、もらうか、あるいはいっしょに分かち合って（共有して）電子殻をいっぱいにします。その方法をくわしく見てみましょう。

ヘリウム　ネオン　アルゴン
クリプトン　キセノン　ラドン

希ガスをほかの元素と反応させることはとても難しい。それは、希ガスの一番外側の電子殻がいっぱいで、電子を渡したりもらったりしないからだね。

1. 電子を渡したり、もらったりする

電子を1個か2個だけ取り除けば、一番外側の電子殻がいっぱいになる原子があります。でも電子をどこかに放り出したりはできないので、電子を必要としている別の原子を探して電子をやりとりします。こうした電子のやりとりにより原子と原子がくっつくことを**イオン結合**といいます。

ナトリウム原子と塩素原子が出会うと、どんなふうに電子がやりとりされるのかというと……

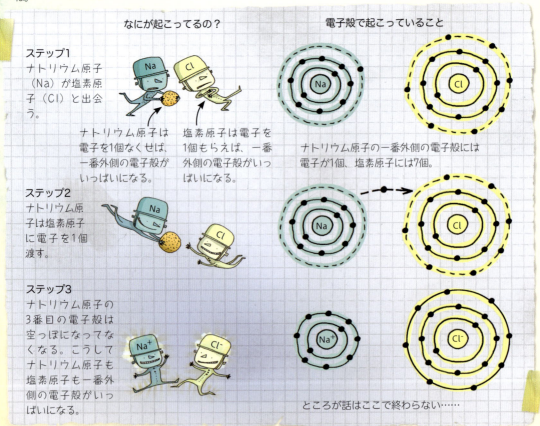

なにが起こってるの？　　電子殻で起こっていること

ステップ1
ナトリウム原子（Na）が塩素原子（Cl）と出会う。

ナトリウム原子は電子を1個なくせば、一番外側の電子殻がいっぱいになる。

塩素原子は電子を1個もらえば、一番外側の電子殻がいっぱいになる。

ナトリウム原子の一番外側の電子殻には電子が1個、塩素原子には7個。

ステップ2
ナトリウム原子は塩素原子に電子を1個渡す。

ステップ3
ナトリウム原子の3番目の電子殻は空っぽになってなくなる。こうしてナトリウム原子も塩素原子も一番外側の電子殻がいっぱいになる。

ところが話はここで終わらない……

電子を渡したり、もらったりすると原子に含まれる電子と陽子の数が違ってきます。そのため、電荷が生まれます。電荷を帯びた原子を**イオン**といいます。電子は負の電荷を帯びているので、電子をもらった原子は**陰イオン**、電子を渡した原子は**陽イオン**となります。

反対の電荷をもつイオンどうしは引き合います。ナトリウム原子と塩素原子は反応するとイオンになってイオン結合します。膨大な数のナトリウムイオンと塩化物イオン（塩素のイオン）がイオン結合して、私たちの目に見えるくらい大きくまとまった構造物（**イオン結晶**）をつくります。

イオンの表し方

Na⁺は、ナトリウムイオン（正の電荷）を表す記号。

Cl⁻は、塩化物イオン（負の電荷）を表す記号。

何百万ものナトリウム原子と塩素原子が結合すると塩化ナトリウムという安定した化合物の結晶ができる。結晶中では、正の電荷を帯びたNa⁺と負の電荷を帯びたCl⁻が引っ張り合っている。

2. 電子を共有する

電子を共有してくっつく原子があります。このとき、一番外側の電子殻が重なり合うことによって電子を共有します。重なり合った部分にある電子を原子と原子が分かち合うので、どちらの一番外側の電子殻もいっぱいになります。このようなくっつき方を**共有結合**といいます。

2個の水素原子の共有結合のしかたを見てみると……

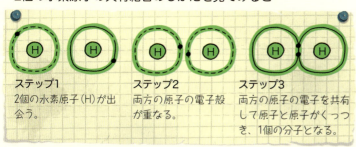

ステップ1
2個の水素原子（H）が出会う。

ステップ2
両方の原子の電子殻が重なる。

ステップ3
両方の原子の電子を共有して原子と原子がくっつき、1個の分子となる。

共有結合でくっついた原子はたいてい小さな分子になります。このような分子は電荷を帯びていないのでもう引き合うことはなく、勝手気ままに広がっていきます。だから水素分子をはじめ、共有結合でできた単体や化合物の多くは室温で気体となります。

共有結合の種類

水素分子では2個の水素原子が1対（2個）の電子を共有する。共有する電子が1対の結合を**単結合**という。

一酸化炭素は2対（4個）の電子を共有する。共有する電子が2対の結合は下の図のような**二重結合**をつくる。

メチルアクリロニトリルは10個の原子でできた化合物。7個の単結合、1個の二重結合、1個の三重結合でくっついている。

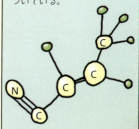

磁石をつくる

鉄は電子の向きをそろえると磁石のような性質をもつようになる。

3. 電子を出し合う

金属原子も電子を共有しますが、その方法は共有結合とは少し違います。たくさんの金属原子が集まって一番外側の電子殻の電子を出し合い、電子の海をつくります。電子が金属原子のまわりを漂っているような状態を思い浮かべてください。このような電子は近くにある原子のまわりを自由に動き回るので、どの原子も一番外側の電子殻がいっぱいになったように感じます。金属原子はどれも電子を放出するので陽イオンになります。

→ 電子

→ 金属イオン

各原子に所属しない自由に動き回る電子が電子の海をつくっている。

金属のつくり

金属原子は規則的に並んで集まっています。このような並び方を金属の**結晶格子**といいます。金属原子は結晶格子の中にぎゅっとつまっています。だから金属はとても硬いです。そして、金属の融点が高く、室温では固体で存在します。

結晶格子のまわりを漂う電子のおかげで、金属には便利な性質があります。電子は熱と電気のエネルギーを運びますが、電子の海では1個1個の電子が自由に動き回れるので、別の電子とすぐにぶつかってそれらのエネルギーを伝えていきます。つまり熱や電流は金属の中をとても速く流れます。このような性質をもつ金属などの物質を**導体**といいます。

熱を伝える競争

非金属に比べて金属がどのくらいよく熱を伝えるかを、簡単な実験で調べてみよう。まず温かくておいしい紅茶を入れる。金属製とプラスチック製のスプーンを用意し、温かい紅茶にスプーンを2本とも入れる。どちらが速く熱くなるかな。スプーンを室温に戻してから氷を入れたコップに移す。どちらが速く冷たくなるかな。

プラスチック製のスプーンに比べると、金属製のスプーンの方が熱くなるのも、冷たくなるのも速い。

どんなしくみなんだろう？

イオンや分子をくっつける

ほとんどの分子やイオン1個1個は小さすぎて見えませんが、たくさんくっつくと私たちの目でも見えるようになります。そのくっつき方は物質の外観やふるまいに影響を与えます。

硫酸マグネシウム（エプソムソルト）の結晶

イオンはどうやってくっつくの？

どんなイオンもくっついてイオン結晶をつくります。イオン結晶には必ず規則的なパターンがあります。ジャングルジムを思い浮かべてください。イオンがつなぎ目で、それぞれのイオン結合が棒に相当します。イオンが多く集まるほど、結晶も大きくなります。結晶はかなりの大きさまで成長します。次のページで、結晶を大きく成長させる方法を紹介します。

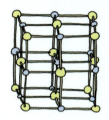

塩化ナトリウムをつくるナトリウムイオンと塩化物イオンは規則正しく結合している。

イオン結合を物理的に引き離すことはかなり難しいです。熱を加えても無理です。だからほとんどのイオン結晶は温度が高くなっても固体のままです。ところがイオン結合ではなく、結晶の層ならばそのまま壊すことができます。岩塩（主成分は塩化ナトリウム）を砕いて料理に使いますが、あれは塩化ナトリウムの中のイオンをばらばらにしているのではありません。塩化ナトリウムの結晶をばらばらにしているのです。

イオン結合を壊す

イオン結合は、うまく合う物質と混ぜれば化学的に壊すことができる。

たとえば、食塩（塩化ナトリウム）のイオンは水と混ぜるとばらばらになる。つまり食塩は水に溶けている状態になる。これは、化学反応が起こったわけではないので、食塩水は混合物であって化合物ではない。

分子はどうやってくっつくの？

共有結合をしている分子どうしには引き合う力はありますが、その力はとても弱いです。そのため、これらはたいてい液体や気体になっています。

たとえば、水分子はかなりゆるくくっついているだけなので、水は室温で液体です。酸素や窒素などの気体の多くも共有結合した分子からなります。

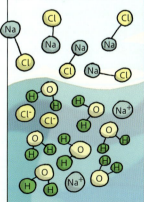

大きな結晶をつくってみよう

炭酸水素ナトリウム（$NaHCO_3$）の結晶を成長させて、結晶のできる様子を確かめてみよう。

1. 2個のびんにお湯を入れる。それぞれのびんに炭酸水素ナトリウム小さじ6杯を入れて、かき混ぜる。さらに炭酸水素ナトリウムを溶けなくなるまで入れ続ける。

2. 暖かい場所にびんを並べ、その間に皿を置く。

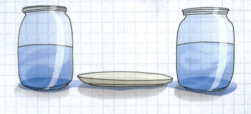

3. 腕の長さくらいの毛糸を用意する。毛糸の両端にクリップをつけ、それぞれをびんに浸す。

4. 1週間ほど、そのままにしておく。すると毛糸に沿って結晶が少しずつ成長してきて、皿の上に垂れ下がる。

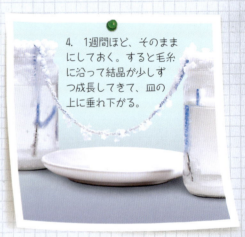

なにが起こっているの？

店では炭酸水素ナトリウムは重曹という名前で売られていて、たいてい粉です。この粉は小さな結晶でできていて、水に溶けます。水と炭酸水素ナトリウムの混合物が毛糸にしみこんで水がゆっくり蒸発すると、純粋な炭酸水素ナトリウムだけが大きな結晶になって残ります。

どんなしくみなんだろう？

核反応

すべての反応が電子によって起こるわけではありません。原子核が自分で壊れたり、ほかの原子の原子核とくっついたりすることもあります。このような反応を**核反応**といいます。

核反応が起こると陽子がなくなったり、増えたりするため、もとの元素は別の元素に変わります。核反応にはとても大きなエネルギーが必要なので、めったに起こりません。起こるとしたら恒星や原子炉などの中だけです。核反応によって出されるエネルギーは、化学反応のときと比べて膨大な大きさになる。

放射線

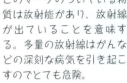

このマークのついている物質は放射能があり、放射線が出ていることを意味する。多量の放射線はがんなどの深刻な病気を引き起こすのでとても危険。

不安定な元素

原子核の中の陽子と中性子の数が釣り合っていない元素は不安定で、原子核が突然壊れて中にあるものを外に出します。このような不安定な元素を**放射性元素**といい、外に出すものを**放射線**といいます。また、放射線を出す能力を**放射能**といいます。ウランも放射性元素の1つです。ウランはピッチブレンドという岩のかたまりとして鉱山で掘り出されます。ピッチブレンドの中ではウランの原子が1個につき陽子2個と中性子2個を出しています。陽子2個と中性子2個はヘリウムの原子核で、**アルファ線**という放射線をつくります。アルファ線を出したウラン原子はトリウム原子に変わります。

だれが放射能を発見したの？

私だよ、私。アンリ・ベクレル。ウラン塩に不思議な性質があることを見つけたんだ。

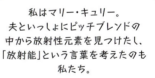

私はマリー・キュリー。夫といっしょにピッチブレンドの中から放射性元素を見つけたし、「放射能」という言葉を考えたのも私たち。

1903年、キュリー夫妻とベクレルは放射能の研究でノーベル賞をいっしょに受賞した。

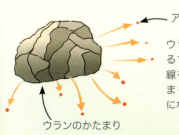

アルファ線

ウランのかたまりに含まれるすべての原子がアルファ線を放出すると、このかたまりはトリウムのかたまりになる。

ウランのかたまり

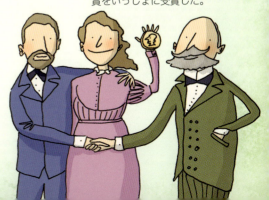

どんなしくみなんだろう？

原子の研究の歴史

2,700年ほど前、デモクリトスよりも早く、原子に似た粒子という考え方を思いついた学者がインドにもいたんだよ。

「原子（アトム）」という言葉を思いついたのは2,500年前の古代ギリシャの哲学者デモクリトスです。デモクリトスは、物質をどんどん小さくしていくと、最後はそれ以上分けることのできない小さな粒子になると考え、このような粒子を「原子（アトム）」と呼びました。アトムとは「それ以上分けられない」という意味の古代ギリシャ語です。

デモクリトスの原子という考えは長い間、見向きもされませんでした。科学者は物質全体を研究することに一生懸命だったのです。18世紀に入るとイタリアのアメデオ・アボガドロが、圧力や温度を変えると気体の体積が変化するしくみを研究する中で、気体は小さな動くものが集まってできていることに気づきました。

1803年、反応の起こるしくみを研究していたイギリスの化学者ジョン・ドルトンは、元素も化合物もすべてとても小さな粒子でできているに違いないと考え、デモクリトスの原子（アトム）という言葉をもう一度使い始めました。それから100年がたち科学者は、原子は本当に存在すると考えるようになりました。

19世紀に放射線が発見されると、「それ以上分けられない」原子はじつはもっと小さなものでできているのではないかと、科学者は考え始めました。1909年、ニュージーランドのアーネスト・ラザフォードが放射線を使って金原子の原子核＊を見つけました。

1913年にはデンマークの科学者ニールス・ボーアが、電子は原子核のまわりに収まっているという考えを発表しました。ボーアの考えを深め、やがて原子が互いに反応するしくみが解き明かされました。

アメデオ・アボガドロ

アーネスト・ラザフォードは放射能の研究で1908年にノーベル賞を受賞した。

ニールス・ボーア

＊アーネスト・ラザフォードの実験については195ページでくわしく説明している。

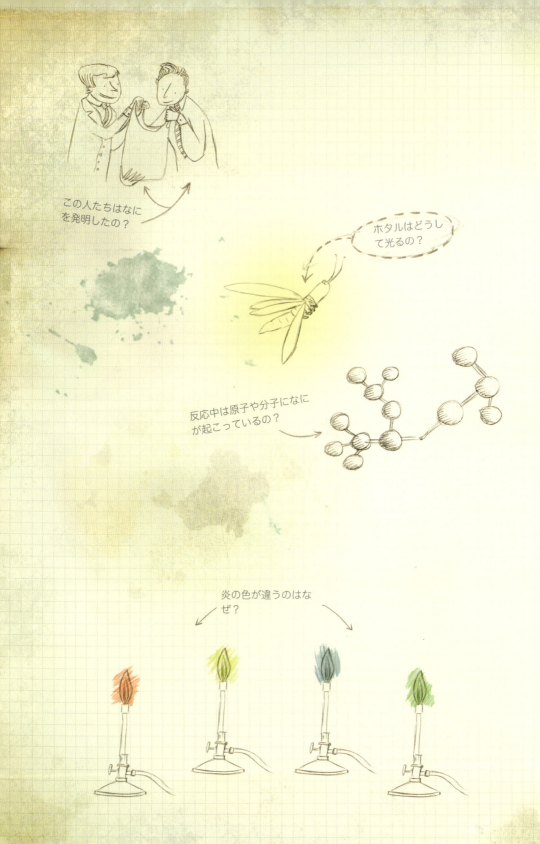

パート3
反応させてみよう！

　化学は魔法のような現象を起こすことがあります。花火がいろいろな色に光るのはいったいなぜ？　危険な酸が害のない食塩に変わるのはどうして？　じつはどちらも魔法ではなく化学反応の結果です。化学反応によって不思議なことや、びっくりすることが起こったり、役に立つものができたりします。

化学反応の基礎

化学反応は、違う物質の原子と原子の間で起こりますが、反応の結果は物質全体に影響を与えます。

反応する物質を**反応物**、反応の結果できる新しい物質を**生成物**といいます。反応が起こると熱や光などの**エネルギー**もやりとりされますが、エネルギーは反応物や生成物ではありません。

物質と物質を混ぜ合わせて、両方が引き合えば、その分子やイオンの大部分は反応します。分子が一度壊れて並び変わると新しい生成物ができます。混ぜ合わせた物質の中には反応しないものもあります。そのような物質は最後までそのまま残ります。

身近な化学反応

化学反応は私たちのまわりでも絶えず起こっています。今、あなたの体の中でもまさに起こっている最中です。息を吸って体に取り込んだ空気中の酸素は、食べ物に含まれる養分と反応して二酸化炭素と水になります。この反応ではエネルギーも発生して、細胞や組織、筋肉や脳などで使われます。

副生成物

化学反応は、工場などで目的の生成物を手に入れたい場合によく利用されます。しかし、目的とは違う生成物ができることもあります。このような生成物を**副生成物**といいます。副生成物にも役に立つものはたくさんあるのですが、有害なものもあります。石炭を燃料とする火力発電所から出される副生成物の煙には汚染物質が多く含まれています。

反応させてみよう!

化学反応はどうやって始まるの?

いくら反応しやすい物質でも、化学反応が始まるためには決まった量のエネルギーが必要です。それはエネルギーを使って反応物の中にある結合を壊さなければならないからです。
化学反応を開始させるエネルギーにはいろいろなものがあります。一番多いのは熱エネルギーですが、光エネルギーや電気エネルギーの場合もあります。生成物ができたときにエネルギーを放つ反応もあります(この場合も熱エネルギーが多いです)。

化学反応と熱

化学反応の終わりに発生する熱よりも、初めに取り込まれる熱の方が多い反応があります。このような反応を**吸熱反応**といいます。ラムネ菓子を食べると、ラムネ菓子の成分が体の熱を取り込んで水と反応します。その結果、舌がしゅわしゅわします(冷たく感じます)。
発熱反応はその反対です。取り込まれる熱エネルギーよりも発生する熱エネルギーの方が多いです。酢を入れたコップに錠剤の胃薬を入れると泡を立てて溶けます。この反応は発熱反応なのでコップは温かくなります。

調理の化学

台所で、煮たり焼いたりする調理はまさに化学反応。食べ物に熱を加えると成分(反応物)どうしが速く反応するし、かき混ぜると成分がまんべんなく混ざるので反応がどんどん進む。

光エネルギーの利用

植物は葉に含まれる緑色の色素(クロロフィル)で日光の光エネルギーをとらえると、水と二酸化炭素からグルコース(養分)をつくる反応が始まる。このようなしくみを光合成という。

ホタルの発光

ホタルの体には酸素と反応して光を出す物質がある。この物質のはたらきでホタルは光る。

反応させてみよう！

化学反応の始まり

化学反応が進むために必要な最小のエネルギーを**活性化エネルギー**といいます。必要となる活性化エネルギーの量は化学反応によって多かったり少なかったりします。

たとえば、水素と酸素を混ぜ合わせても反応しません。ところが、この混合物にちょっと炎を近づけると爆発して水ができます。このときの炎の熱エネルギーが活性化エネルギーとなったといえます。

いったん反応が始まると、火薬の爆発のようにあっという間に終わってしまうものもあれば、銀が黒く変色するように何週間もかかるものもあります。化学反応の速さには、反応物がどのくらい壊れやすく、どのくらい新しい**生成物**をつくりやすいかという**反応性**によります。

化学反応を速くしたり、遅くしたりするには

反応物に**触媒**という物質を加えると、多くの化学反応は速く進みます。触媒は反応物ではなく、活性化エネルギーを低くする物質です。化学反応が終わっても触媒は変化せず、もう一度利用することもできます。触媒となる物質は化学反応によって違います。たとえば、プラチナには自動車の排気管で有毒ガスを取り除く化学反応を速めるはたらきがあります。

反応物の表面を別の物質で覆うと、化学反応は遅くなったり、止まったりします。たとえば、亜鉛めっきをした鉄では、亜鉛が鉄と空気中の酸素からさびができる反応を遅らせます。

化学反応の速さは温度によっても変わります。温度が高くなると分子は飛び回り、ぶつかりやすくなるので反応も速く進みます。

一方、反応物の温度を下げると、分子が動き回ったり、ぶつかったりするエネルギーが小さくなるので反応も遅くなります。

火薬はとても速く反応する反応物でできているので、いっしゅんで爆発する。

銀でできたものは空気中の物質と反応して変色するが、磨けばもとに戻る。

酵素のおかげ

ヒトの体内は酵素という生体触媒であふれている。私たちが生き続けるために体の中で起こっている反応は、酵素のおかげで次から次へと進む。
ところが酵素が反応を速めすぎてしまうと、体の具合が悪くなったり、痛みを感じたりすることがある。

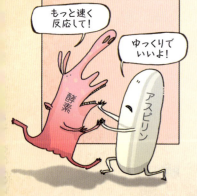

触媒はなんの役に立つのかな？

化学反応の活性化エネルギーの大きさや、どの触媒が利用できるかは、実験をすればはっきりします。そういったことがわかると、大きな工場では反応の条件を変えて生成物を無駄なく、より速く製造することができるようになります。

1909年、ドイツの化学者フリッツ・ハーバーは窒素と水素を反応させてアンモニア（NH_3）をつくる方法を見つけました。アンモニアは多くの肥料に使われる重要な成分で、作物の成長を助けます。ハーバーは反応を進めるために、ちょうどいい温度と圧力を設定し、触媒として鉄を加えることによってアンモニアの大量生産に成功しました。

世界中の食料
多くの農地では工場でつくった窒素肥料を与えて作物を育てている。世界人口の3分の1以上はこうして育てた作物を食べている。

反応競争をしてみよう

熱が反応の速さをどう変えるか、簡単な実験をして確かめてみよう。
水道水と水に溶ける錠剤の胃薬があればすぐに実験できる。

1. コップを2個用意する。1個には冷たい水、もう1個には温かい水を入れる。

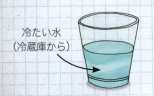
冷たい水（冷蔵庫から）

温かい水（温水器から）

2. それぞれのコップに同時に錠剤を入れる。同時でなければ正確な実験にならないよ。

3. 両方のコップを観察してみよう。数秒もすると、冷たい水を入れたコップよりも先に、温かい水を入れたコップで泡が出始めるはず。

なにが起こっているの？

錠剤と水が反応を始めるためにはほんの少しだけ熱が必要になる。冷たい水は室温になるまで泡を出さないが、温かい水はすぐに反応を始める。この反応は発熱反応でもあるので、反応が始まって泡が出ると水はさらに温かくなる。

化学反応式についての豆知識

化学反応式におまけの情報をつけたいときに使う記号には次のものがある。

↯ 光エネルギーを表す。

△ 熱エネルギーを表す。

また、化学反応の前後では、溶媒の水や触媒などのように変化しないものもある。このような物質は化学反応式には書かず、省略することが多い。

化学反応式を書いてみよう

化学反応は**化学反応式**で表すことができます。反応物をすべて左辺にまとめ、矢印を引き、右辺に生成物を書きます。水酸化ナトリウム水溶液に塩酸を加えたときの化学反応は次のように表すことができます。

物質名で表した簡単な式

水酸化ナトリウム ＋ 塩酸 ⟶ 塩化ナトリウム ＋ 水

化学式で表した化学反応式

$NaOH + HCl \longrightarrow NaCl + H_2O$

左辺と右辺のつり合い

化学反応で大事なことは、反応の前後では、物質の増減がなく、質量が変わらないということです。これを**質量保存の法則**といいます。

化学反応にかかわる原子の種類と数は、左辺と右辺でそれぞれ同じ、つまりつり合っていなければなりません。

植物がグルコースをつくる光合成の式

水 ＋ 二酸化炭素 —日光→ グルコース ＋ 酸素

化学式を使って左右がつり合う化学反応式にする

$6H_2O + 6CO_2 \longrightarrow C_6H_{12}O_6 + 6O_2$

左辺	右辺
水分子6個と二酸化炭素分子6個が反応する。	グルコース分子1個と酸素分子6個ができる。
水素原子12個	水素原子12個
酸素原子18個	酸素原子18個
炭素原子 6個	炭素原子 6個

光と水をたっぷりあげる！食べ物をつくってね。

左辺と右辺には、水素原子も酸素原子も炭素原子も同じ数だけあるね。

反応させてみよう！
化学者が発見した化学反応の例

化学者はずいぶんいろいろな化学反応を発見してきました。もちろん役に立つ反応もありますが、あまりうれしくない反応もあります。たとえば……

ヨーグルトやチーズの味
牛乳に特別な細菌を加えると化学反応が起こり、とてもおいしい酸ができる。ヨーグルトやチーズもこの反応を利用してつくられる。

プロピオン酸菌と乳酸菌、う～ん、今日はどちらを使おうかな？

日焼け止め
日光には目に見えない紫外線が含まれている。紫外線は肌で反応を起こして日焼けを生じるが、反応しすぎるとやけどになる。日焼け止め剤には紫外線を防いで、この反応を起こさないようにするはたらきがある。

醤油の味
醤油は大豆と小麦を水で煮てつくる。細菌がこの煮汁を「発酵」（化学反応の一種）させ、アルコールと酸に分解する。酸は醤油の味を引き締める。

ふわふわのケーキ
重曹には炭酸水素ナトリウムが含まれている。熱を加えると二酸化炭素を出す。重曹を入れたケーキを焼くとふくらむのは、この二酸化炭素が気泡になるから。

酸素をつくり出す
塩素酸カリウムも塩素酸リチウムも塩素酸ナトリウムも温めると分解して酸素を出す。宇宙ステーションや潜水艦の乗員はこれらの化合物からつくった酸素を吸っている。

いろいろな化学反応

物質が反応すると原子やイオンを交換するわけですが、その方法はとてもたくさんあります。ここでは、よく起こる6種類の反応を見ていきましょう。

タイプ1：置換反応

ある物質が化合物の一部を追い出して置き換わることがあります。このような反応を**置換反応**といいます。
たとえば、亜鉛は塩酸（塩化水素）と反応して、塩酸中の水素を追い出します。これは亜鉛と塩素の引き合う力の方が、水素と塩素の引き合う力よりも大きいために起こります。
亜鉛原子1個は塩素原子2個のどちらにも電子を1個ずつ渡します。すると亜鉛も塩素もイオンになり引き合ってくっつきます。一方、相手がいなくなった水素原子は追い出され、水素原子どうしで共有結合をして気体となり、空気中に広がります。

物質の状態の表示
化学反応を起こすときの物質の状態はさまざまです。ここからは化学反応にかかわる物質の状態を次のようなアイコンで表します。

かたまり状の固体　粒状の固体
結晶状の固体　粉末状の固体
気体　液体

こんなことが起こっている

塩酸（塩化水素）分子が2個

そこへやってきたのが亜鉛原子

亜鉛原子は塩化水素分子を2個ともまっぷたつにひきさき

亜鉛原子は塩素原子それぞれに電子を1個ずつ渡す。

こうして反応が終わり、塩化亜鉛1個と水素分子1個ができる。

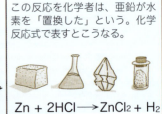

この反応を化学者は、亜鉛が水素を「置換した」という。化学反応式で表すとこうなる。

$$Zn + 2HCl \longrightarrow ZnCl_2 + H_2$$

＊塩化亜鉛は分子ではなく、亜鉛イオンと塩化物イオンからできている。

タイプ2：分解

たっぷりエネルギーがあると壊れて、自分だけで新しい生成物をつくる化合物もあります。このときも化学変化は起こっています。このような反応を**分解**といいます。
たとえば、炭酸カルシウムを熱すると壊れて、酸化カルシウムと二酸化炭素になります。これを化学反応式で表すとこうなります。

粉末状の炭酸カルシウムを熱すると分解して二酸化炭素が発生する。

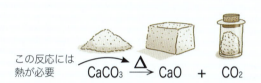

この反応には熱が必要　$CaCO_3 \xrightarrow{\Delta} CaO + CO_2$

タイプ3：可逆反応

反応物がつくった新しい生成物どうしがまた反応して、もとの物質に戻ることがあります。このような反応を**可逆反応**といいます。可逆反応は行ったり来たりし続けるので、反応は終わりません。
たとえば、二酸化窒素を熱すると一酸化窒素と酸素になります。これは分解ですが、もとに戻る反応も起こります。生成物である一酸化窒素と酸素を冷やすと、反応してもとの二酸化窒素になるのです。この反応では熱が鍵を握っています。だから生成物を温めておけば、逆の反応は起こりません。
可逆反応では右向きと左向きの矢印を書いて、どちらにも反応が進むことを表します。

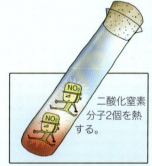

二酸化窒素分子2個を熱する。

一酸化窒素分子2個と酸素分子1個になる。

ところが温度を下げると分かれたはずの分子がまたくっついて

もとの二酸化窒素分子2個に戻る。

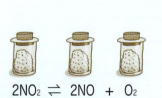

$2NO_2 \rightleftarrows 2NO + O_2$

タイプ4：酸化還元反応

反応物が電子を失う反応と、反応物が電子をもらう反応が同時に起こることがあります。

反応物が電子を失うことを**酸化**、電子をもらうことを**還元**といいます。片方の反応物が酸化され、もう片方が還元されると、イオンがたくさんできます。するとイオンが引き合ってくっつき、生成物ができます。このような反応全体を**酸化還元反応**といいます。

カルシウムと塩素の間でも酸化還元反応が起こります。酸化還元反応は酸化の式と還元の式、または全体の式で表されます。

酸化で起こること

酸化は、最初に反応物が酸素をもらう反応として発見された。

その後、電子が発見されると、酸化とは反応物が電子を失う反応であることもわかった。けれども、この反応の名前は酸化のまま使われている。なお、反応物が水素を失う反応も酸化である。

酸化の反応

カルシウム原子は電子を2個失い、Ca^{2+}になる。このカルシウムは酸化された。

$$Ca \rightarrow Ca^{2+} + 2e^-$$

還元の反応

塩素分子はカルシウムの電子を2個もらい、2個のCl^-になる。この塩素は還元された。

$$Cl_2 + 2e^- \rightarrow 2Cl^-$$

酸化還元反応

カルシウムイオン（Ca^{2+}）は塩化物イオン（$2Cl^-$）とくっついて、塩化カルシウム（$CaCl_2$）をつくる。

$$Ca + Cl_2 \rightarrow CaCl_2$$

塩化カルシウムは反応しにくい粉末で、水をよく吸う。だから食品の乾燥剤としてよく使われている。実験室でも、空気中の水分と反応しやすい物質を湿気から守るために使われる。

危険だよ！

このマークがついている物質は「酸化剤」。硝酸カリウムはとても強力な酸化剤だ。ひどいやけどを起こすことがあるので取り扱いには十分注意しなければならない。

心配ご無用。どんないたずら好きの水からも守ってあげるよ！

ロケットの燃料

酸化還元反応の中で一番よく知られているのは燃える反応です。燃えることを化学では**燃焼**といいます。たとえば、ロケットエンジンでは水素を酸素といっしょに燃やします。火花で火をつけ、水素ガスと酸素ガスを反応させると、これらがなくなるまで燃え続けます。この反応によって発生した大量の熱と力がロケットを宇宙に押し進めます。

酸化の反応
$$2H_2 \rightarrow 4H^+ + 4e^-$$

還元の反応
$$O_2 + 4e^- \rightarrow 2O^{2-}$$

酸化還元反応

$$2H_2 + O_2 \rightarrow 2H_2O$$

水素は酸化され、酸素は還元される。

物が燃える反応

物が燃える反応には、発熱反応（熱を出す反応）、燃焼、酸化還元反応の3種類の反応が含まれている。

花火の色

酸化還元反応は花火にも関係しています。花火には、燃える物質（硫黄、木炭、マグネシウム、アルミニウムなど）と酸素を出す物質（硝酸カリウム、塩素酸カリウムなど）、色を出す物質（硝酸ストロンチウム、酢酸銅など）が含まれています。赤色を出すときはストロンチウムの化合物、青色を出すときは銅の化合物を使います。

酸化の反応
$$S \rightarrow S^{2-} + 2e^-$$

還元の反応
$$O_2 + 4e^- \rightarrow 2O^{2-}$$

酸化還元反応

$$S + O_2 \rightarrow SO_2$$

硫黄は酸化され、酸素は還元される。

炎の色で金属を判別する

金属の化合物を炎の中に入れるとそれぞれ違う色の炎を出す。これを**炎色反応**という。炎の色を見れば、含まれている金属がすぐにわかる。

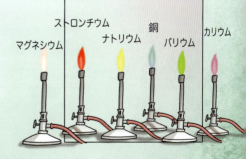

タイプ5：中和

酸という化合物を塩基（アルカリ）いう化合物と混ぜても反応が起こります。

酸ってなに？

酸には、クエン酸（レモンに含まれる酸っぱい成分）のような弱い酸から、硫酸（自動車のバッテリー液）のような強い酸までいろいろな種類があります。弱い酸の多くは料理の味付けに使われます。強い酸には害を与えるものが多いです。腐食性もあるので、触れるとやけどをすることがあります。

化学では、水に溶かすと水素イオン（H^+）を出す物質を酸といいます。酸の強さは水素イオンになる分子の数によって決まります。

塩基ってなに？

塩基は、酸とは反対の性質をもつ物質です。水に溶けて水酸化物イオン（OH^-）を出します。酸と同じく弱い塩基から強い塩基まであります。重曹のような弱い塩基は食べられますが、あまりおいしくありません。水酸化ナトリウム（オーブン用洗剤の成分）のような強い塩基は強い酸と同じように腐食性があります。水に溶ける塩基を**アルカリ**といいます。

中和ってなに？

酸と塩基を混ぜると、反応して水と塩ができます。塩化ナトリウム（食塩の成分）は塩の一種です。酸と塩基が反応して塩をつくる反応を**中和**といいます。

強い酸、弱い酸
ほとんどの酸は水に溶ける。酸を水でかなり薄めた状態を**希酸**、水がほとんどない状態を**濃酸**という。

塩酸はとても腐食性が強いけれども、たくさんの水で薄めれば安全に扱える。胃では塩酸（胃液）が出され、食べ物の消化を助けてくれる。薄められているので、胃のじょうぶな内壁はやけどをしない（それでも胸焼けを起こすくらいには強い）。

クエン酸は弱い酸。けれども実験室ではやけどを起こすくらい濃いクエン酸をつくることができる。レモンに含まれるのは希クエン酸だけど、パンケーキに酸味を加えるくらいの強さがある。

反応させてみよう！

水酸化ナトリウム（塩基）と塩酸（酸）が反応して塩化ナトリウムと水ができる中和は、次のような化学反応式で表されます。

NaOH + HCl → NaCl + H₂O

水の有無の検査

硫酸銅は塩の一種。水をまったく含んでいないと白色だが、ほんの少量でも水があると青色に変わる。この性質を利用して、ほかの物質に水が含まれているかどうかを確かめるときは硫酸銅がよく使われる。

pH

酸や塩基の強さはpH（水素イオン指数）で表されます。pHは0から14まであります。

一番強い酸はpH0で、一番強い塩基はpH14。中くらいの物質はpH7を示します。

酸と塩基はどうやって区別するの？

指示薬を使うと、酸と塩基を簡単に区別できます。手軽に使える指示薬にリトマス試験紙があります。リトマス試験紙には、次の2種類あります。
・青色リトマス試験紙：酸につけると赤色になる。
・赤色リトマス試験紙：塩基につけると青色になる。

万能指示薬を使うともっとくわしくわかります。万能指示薬は液体で、酸に混ぜると赤色、オレンジ色、黄色になり、中性の物質に混ぜると薄い緑色、塩基に混ぜると濃い緑色、青色、紫色になります。

物質に万能指示薬を混ぜたときの色の変化	
酸性	**pH**
硫酸	0
塩酸	1
酢酸（酢の成分）	4
ミツバチの毒 クエン酸	5
炭酸（炭酸水の成分）	6
中性	
水	7
塩基性	
重曹、石けん	8
カリバチの毒	9
水酸化マグネシウム	10
水酸化ナトリウム（配水管洗浄剤）	14

物質のpHによって色が違う。

指示薬をつくってみよう

身近なものを使って、自分で指示薬をつくることができる。
用意するもの：紫キャベツ、鍋、空き瓶、家にある調べたいもの（酢、洗口液〔マウスウォッシュ〕、オレンジジュース、重曹、胃薬、ペパーミント油など）。

1. 紫キャベツを小さく刻む。

2. 刻んだ紫キャベツを10分間煮て、お湯が紫色になったら止める。

3. 紫キャベツは使わないので、水分をこしとる。この水が指示薬になる。

4. 指示薬を冷ましてから空き瓶に入れる。

5. さまざまな物質を空き瓶に入れる。色はどんなふうに変わるか、観察しよう。
酸を入れると指示薬は赤色になる。
塩基を入れると指示薬は黄色になる。

リトマス紙の正体

リトマス紙は、酸や塩基と反応して色が変わる。このリトマス紙の色のもとは、地中海の沿岸に生えているリトマスゴケからとった紫色の色素だ。この色素をろ紙にしみこませたものがリトマス紙であるが、現在は人工的に合成されたものが使用されることが多いんだって。

必ず中性になるわけではない

酸と塩基を混ぜた場合、必ず中性の生成物ができるわけではありません。水酸化ナトリウムなどの強い塩基と炭酸（二酸化炭素が水にとける）などの弱い酸を混ぜると炭酸水素ナトリウム（重曹）などの弱い塩基ができます。

なにが起こっている

弱い酸が強い塩基と反応すると

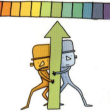

ちょうど真ん中の中性ではつり合いがとれません。だから弱い塩基になります。

NaOH + HCO₃ → NaHCO₃ + H₂O

逆に、強い酸と弱い塩基を混ぜると弱い酸ができます。たとえば、塩酸とアンモニアを混ぜると塩化アンモニウムができます。塩化アンモニウムは弱い酸で、枝毛防止成分としてシャンプーに使われます。

石けんはどうやって汚れを落とすの？

油脂を分解すると脂肪酸という弱い酸ができます。脂肪酸と水酸化ナトリウムを中和すると、石けんというとても役に立つ生成物ができます。

石けんは長い鎖のような分子でできています。鎖の片方の端は水と仲良しです。だから石けんと水を混ぜるとどろどろの泡だらけになります。

鎖の反対側の端は水が嫌いで、油脂と仲良しです。油で汚れた手を石けん水につけると、油の粒子のまわりに油脂と仲良しの端が集まって、粒子を取り囲みます。この手を水で洗うと石けんと油がいっしょに流れ落ちます。これが、石けんが汚れを落とすしくみです。

昔の石けんづくり

何百年も前は、動物の脂肪と灰汁（アルカリ液）を素手で混ぜて石けんをつくっていた。
純粋なアルカリ液は腐食性があるのでたくさんの人がやけどをした。現在は、石けんをつくるときはしっかり体を保護している。

石けん水 / 油の粒子 / 油と仲良しの端が集まってきて、油の粒子を取り囲む。/ 水と仲良しの端

タイプ6：重合

工場でプラスチックをつくる反応を見てみましょう。反応物は原油に含まれる小さな分子です。熱と圧力と、場合によっては触媒を加えると、原油の中の小さな分子が反応してとても長い鎖、重合体をつくります。このような反応を重合といいます。

プラスチックはすべて重合体でできています。自然界にも重合体はあります。羊毛、綿、私たちの髪の毛などがそうです。

プラスチックは種類によって性質も違います。このため、いろいろなものに使われ、私たちの生活の中でとても役に立っています。硬くてじょうぶなものから、柔らかくて軽いものまであり、ほとんどのプラスチックは引っ張るといろいろな形になるので、食器やおもちゃなど、幅広く使われています。

プラスチックの生みの親

私たちが現在使っているプラスチックは20世紀に発明されたものがほとんどです。

1908年、レオ・ベークランドがベークライトを発明した。ベークライトは昔のラジオや電話に使われた。

1933年、エリック・フォーセットとレジナド・ギブソンがポリエチレンを発明した。ポリエチレンはレジ袋に適した素材だった。

1935年、ウォーレス・カロザースがナイロン繊維を発明した。ナイロン繊維は衣類に使われている。

1965年、ステファニー・クオレクがケブラー®を発明した。ケブラー®は現在、防弾チョッキに使われている。

防弾チョッキ

プラスチックの一種、ケブラー®を縫い合わせてつくったチョッキ。

ケブラー®の分子はとてもぎゅっとつまっている。この構造のおかげで銃弾の衝撃を吸収したり、散らしたりする。

プラスチックの再利用

ほとんどのプラスチックのごみは自然に分解されることはありません。けれどもポリエステルやPETなどは簡単に再利用できます。

プラスチックでできた生地

プラスチックはいろいろなところで使われています。プラスチックを引っ張って細く伸ばした糸で織る生地は軽くて暖かいうえに長持ちします。ライクラ®は肌着やスポーツ衣類に使われるプラスチックです。ポリエステルは枕に使われるプラスチックです。羊毛と混ぜて保温用生地をつくるアクリル繊維もプラスチックです。

155

反応させてみよう！

化学反応のまとめ

化学反応は、いつでもどこででも起こっています。

パート4
化学はどんなふうに役立っているの？

　原子や分子、電子殻のことなどまだなにもわかっていなかったころから化学者は、炭素や酸素などのおなじみの元素や、リンやモリブデンといった珍しい元素など、じつにさまざまな元素を材料にして実験を繰り返し、物質の新しい使い道を探ってきました。ここからは、私たちの生活のあちこちに化学がどのようにかかわっているのかを見ていきましょう。

炭素ってどんなもの？

炭素は、単体としても化合物としても、最もといえるほど役に立っています。少しややこしいのですが、同じように炭素だけでできているのに性質の違う物質がいくつかあります。その中ではとくに**黒鉛**と**ダイヤモンド**がよく知られています。

黒鉛は黒くて砕けやすい物質です。鉛筆の芯は黒鉛でできています。黒鉛は、炭素原子1個が炭素原子3個とくっつき、それが層状に重なったものです。この層が簡単に崩れるので、鉛筆芯で紙をこすると黒鉛がはがれ落ちて字が書けるのです。

ダイヤモンドの性質は鉛筆とは正反対で、透明で硬いです。その硬さは、自然界に存在する物質の中で一番です。炭素原子1個が炭素原子4個とくっつき、がっちり結びついた大きな結晶をつくります。だからダイヤモンドはじょうぶなのです。ダイヤモンドは宝石や工業用のドリルに使われます。

生命にかかわる炭素

私たちの体（すべての生物）には、**DNA**という分子があり、個人に特有の情報を含んでいます。DNAは水素と窒素、そのほかの元素を含んでいますが、基本となる部分は炭素でできています。

個人に特有の情報は、DNAの中の物質のつながる順番が人によって違うために生じます。その順番は暗号みたいなもので、体になにをしたらいいのかという指示を出します。DNAは目の色や鼻の形など、さまざまな特徴を決めたり、パズルを解くのが得意かどうかなどにもかかわったりします。

DNAの暗号は両親から半分ずつ受け継ぎます。だから子と親は似ている部分が多いのです。

バッキーボール

バッキーボール（バックミンスターフラーレンの愛称）は実験室で初めて発見された、特別な構造の炭素分子。炭素60個がつながった形状は小さなサッカーボールのようだ。

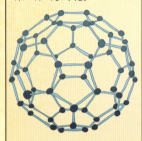

バッキーボールはとてもじょうぶで、電気をよく通す。この性質を利用して、体の中の目的の場所に薬を運ぶ小さな装置などの開発・研究が進められている。

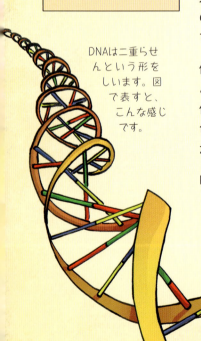

DNAは二重らせんという形をしています。図で表すと、こんな感じです。

化学はどんなふうに役立っているの？

炭素と酸素

炭素は、おなじみの元素である酸素と結合します。結合のしかたは数通りあります。

一酸化炭素（CO）は色も匂いもない、毒性の強い気体です。自動車のエンジンなど、酸素の量が限られている場所で炭素化合物を燃やすと発生します。自動車の排気ガスには二酸化炭素以外に一酸化炭素が含まれています。

二酸化炭素（CO_2）は私たちの体から吐き出される物質です。植物は空気中から二酸化炭素を取り込み、光合成に利用しています。また、二酸化炭素は消火器にも利用されています。火が燃え続けるには酸素が必要です。消火器から出される二酸化炭素がじゃまをして、酸素が炎まで届かなくなり、火が消えるというわけです。

鉱物の中の炭素

鉱物には炭素化合物である炭酸塩（炭酸カルシウムや炭酸リチウムなど）を含むものが多いです。石灰岩はほぼ炭酸カルシウムでできています。鉱物を処理して得られる炭酸リチウムはガラス、釉薬、薬剤などに使われます。

二酸化炭素をつくるときにも炭酸塩が使われます。炭酸カルシウムと強い酸を混ぜると、ぶくぶく泡を出しながら二酸化炭素（CO_2）が発生します。

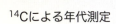

^{14}Cによる年代測定

炭素を利用すると古い化石がいつごろのものかがわかる。上の写真のサーベルタイガーの頭骨は1万1000年以上前のものだ。なぜわかるかというと、生物はすべてほんの少量の^{14}C（炭素の放射性同位体）を含んでいるからだ。生物が死ぬと^{14}Cは少しずつ壊れていく。そこで残っている^{14}Cの量を調べれば、どれくらい前に生きていたのかを推定することができる。

二酸化炭素の確認

物質を反応させたときに二酸化炭素ができているかどうかを知りたいときは、石灰水（水酸化カルシウム水溶液）を利用する。
石灰水は透明だけれども、二酸化炭素を吹き込むと白く濁る。これは石灰水が二酸化炭素と反応すると炭酸カルシウム（水に溶けない固体）をつくるからだ。

炭酸カルシウムを塩酸と反応させると二酸化炭素ができる。

水の中で気泡を集める。

この管に入っているのは純粋な二酸化炭素だよ。

この反応では水と塩化カルシウム（水に溶ける固体）もできる。

化学はどんなふうに役立っているの？

金属ってどんなもの？

金属はどれも似たような性質をもっていますが、なかにはとくに硬いものや、とてもよく熱を通すものもあります。私たちのまわりで使われている金属を見てみましょう。

モリブデン
モリブデンはなんと2,623℃になるまでとけない。宇宙船が大気圏に再突入するときの高温にも耐えられるので、宇宙船の外壁に利用される。

アルミニウム
地表に最も多く存在する金属はアルミニウム。アルミニウムはじょうぶなうえにとても軽い。分厚いアルミニウムでつくる自動車や電車の車体はがんじょうだ。その一方で、アルミニウムを薄いシート状にしてつくったジュースの缶はわけなくつぶすことができる。

銅
銅は電気をよく通すので、電線によく使われる。また、銅は見た目が華やかなので、豪華な建物の屋根にも使われ、少しずつ空気と反応して味わいのある緑色の炭酸銅（緑青）に変わる。炭酸銅には銅板を保護するはたらきがある。

体の中の金属
生物の体には反応性の高い金属が化合物で存在する。骨や歯をつくるカルシウム、筋肉のはたらきを助けるカリウム、脳の神経細胞に信号を運ぶナトリウムなどがある。

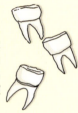

緑青をつくってみよう
銅が緑青に変わる様子を確かめてみよう。

ステップ1. 酢と少量の食塩を入れた容器に、銅でできた硬貨（十円玉）を2枚沈める。硬貨がぴかぴか輝いてくるまで数分ほど待つ。

ステップ2. 1枚だけ水で洗い、2枚とも窓際で乾かす。

数時間経つと、洗わなかった硬貨が緑色に変わり始める。
なにが起こったのだろうか？ 洗わなかった硬貨は、酢と食塩を含む溶液と反応して酢酸銅の緑色の層をつくる。洗った硬貨は空気と反応して酸化銅の緑色の層をつくる（こちらの反応の方が時間がかかる）。

化学はどんなふうに役立っているの？

合金のつくり方

異なる種類の金属を混ぜてつくった金属を**合金**といいます。合金は、含まれる元素の性質をすべてもちあわせるので、いろいろな使い方ができます。

人類がつくった一番古い合金は銅とスズをとかして混ぜた青銅です。青銅はさまざまなものに加工できたので、世界各地に広まり重宝されました。この時代は、その合金の名前にちなんで青銅器時代とよばれています。青銅は銅のようにじょうぶで、スズのように腐食しにくいという性質をもっています。

真鍮

真鍮は銅と亜鉛の合金。とてもじょうぶなのでナットやボルトや鋲などの素材に使われる。

はんだ

はんだはスズと銀、またはスズと鉛でできた合金。低い温度でとけ、金属のつなぎ目をふさいだり、電子回路を組み立てたりするのに使われる。

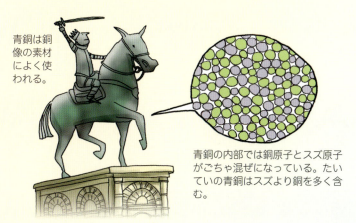

青銅は銅像の素材によく使われる。

青銅の内部では銅原子とスズ原子がごちゃ混ぜになっている。たいていの青銅はスズより銅を多く含む。

鋼のつくり方

金属に非金属を混ぜてつくる少し変わった合金もあります。よく知られているのは、鉄に炭素を混ぜた鋼（スチール）です。少量の炭素原子が鉄原子の構造をがっちりと保つはたらきをするので、鋼はずばぬけてじょうぶなのです。

鉄をとかすにはかなり高温にしなければならないため、鋼は青銅よりもつくるのが難しいのですが、地中には銅より鉄の方が多く含まれていて、たくさん産出します。現在では、鋼は超高層ビルの鉄骨など、かなりの強さが求められるものに使われています。鋼にクロムを加えると錆びにくいステンレス鋼になります。ステンレス鋼はナイフやフォークの素材に使われます。

日本での鋼の利用

日本では刀職人が古くから鋼をつくっていた。刃をとかしては鍛え直すという作業を繰り返すことによって、炭素と鉄がよりまんべんなく広がり、とても強くなる。

金属の反応性を比べよう！

反応のしやすさは金属によって違います。金属の反応のしやすさはどのように比べられるか考えてみましょう。

すべての金属が参加するレスリング大会を思い浮かべてみましょう。全試合に勝った金属が一番反応しやすい金属です。

たとえば、塩化亜鉛とマグネシウムを混ぜると、亜鉛とマグネシウムのどちらが塩素とくっつくか「試合」をします。マグネシウムの方が亜鉛よりも反応しやすいので、マグネシウムが試合に勝ち、塩素とくっついて塩化マグネシウムをつくります。

よく利用される金属の反応性を互いに比べると、次のような順番になります。

金属の化学的性質

どの金属も同じような物理的性質をもちますが、化学的性質も共通してもっています。たとえば、次の3つの化学反応はどのような金属でも起こります。

金属＋酸素
　　→金属の酸化物

金属＋強い酸→塩＋水素

金属＋高温の水蒸気
　　→金属の酸化物＋水素

炭素と水素は金属ではないけれど、金属と競って酸素などの物質と反応することが多い。このため、反応性の系列に炭素と水素も加える。

反応性が高い
- カリウム（K）
- ナトリウム（Na）
- カルシウム（Ca）
- マグネシウム（Mg）
- アルミニウム（Al）
- 炭素（C）
- 亜鉛（Zn）
- 鉄（Fe）
- スズ（Sn）
- 鉛（Pb）
- 水素（H）
- 銅（Cu）
- 銀（Ag）
- 白金（Pt）
- 金（Au）

反応性が低い

化学はどんなふうに役立っているの？

気体を利用する

水素とヘリウムは宇宙に最も多く存在する2大元素です。どちらも色も匂いもありません。

空へ飛んでいく風船にはヘリウムがつまっています。ヘリウムは空気よりも密度が小さいので、ヘリウム入りの風船はなにかにぶつかるまで上がり続けます。この風船を外で放すとどんどん上がっていき、気圧がかなり低くなったところで、内側の圧力によりぱんぱんにふくらんでやがて破裂します。

水素も空気より密度が小さいので、昔の飛行船は空気と水素をつめて飛ばしていました。ところが水素は燃えやすいため、事故もよく起こりました。現在は、飛行船にはヘリウムをつめています。ヘリウムは水素よりも手に入れにくいですが、それでもはるかに安全だからです。

声を高くする気体

テレビ番組などで気体を吸って声を変える実験をしていることがあるね。この実験で吸っている気体はヘリウムなんだ。

いいいいいい！

ヘリウムは空気よりも軽いので、吸ったヘリウムがのどの声帯を速く振動させる。だから高い声が出るんだ。でも、子どもだけでこの実験するのは危ないからやめようね。

酸素は宇宙で3番目に多い元素です。酸素の単体は空気中に含まれる気体です。人は酸素を体に取り入れて生きています。また、酸素がないと物を燃やす（燃焼させる）ことができません。酸素を冷やすと、薄い青色の液体になります。

酸素は反応性が高いので、いろいろな化合物をつくります。酸素の化合物を**酸化物**といいます。身近なものでは水もそうです。漂白剤として使われる過酸化水素（H_2O_2）も酸化物です。過酸化水素は殺菌剤や髪染め剤、試験用宇宙ロケットの燃料などにも使われています。

物が燃えるのはなぜ？

賢い科学者でもなぜ物が燃えるのかは、なかなかわからなかった。

1770年代、フランスのアントワーヌ・ラボアジェ、イギリスのジョゼフ・プリーストリー、ドイツのカール・シェーレの3人がまったく別々にその答えを見つけた。

酸素だね！

非金属ってどんなもの？

非金属は種類はそれほどありませんが、とても役立つ物質も多くあります。

爆発する窒素化合物

爆薬であるTNTの名前は、主成分のトリニトロトルエン（tri-nitro-toluene）という窒素化合物からつけられた。1863年に化学者ヨーゼフ・ヴィルブラントが黄色の染料として発明した。爆発する性質が見つかったのは、それから数十年後のこと。

農薬の成分
三塩化リンは有毒な液体。穀類を食べる害虫の退治に使われるが、その場合は毒性を下げて使われるので、穀類に害はない。

肥料の成分
窒素とリンはどちらも肥料の主要な成分。養分の乏しい土地に窒素を含む肥料を与えると作物がよく育つ。

ハロゲンの利用

ハロゲンはとても反応性の高い非金属です。かなり危険なハロゲンもありますが、いろいろなものに使われています。

睡眠薬
昔はブロム剤という臭素化合物が睡眠薬として使われていた。

医療での活用
固体のヨウ素をアルコールに溶かすと強力な消毒薬になり、傷の手当に使われる。

ヨウ化リチウムは、心拍数を安定させる小さな機械、心臓ペースメーカーの電池に利用されている。

消毒や武器
ちょうどいい濃度に調整した塩素はプールや水道水の消毒に使われる。

純粋な塩素ガスは毒性がとても強く、第一次世界大戦では武器に利用された。兵士はガスマスクをつけて身を守った。

ペースメーカーはX線写真に写る。

化学はどんなふうに役立っているの？

匂いのもと

化学の実験室にはくさい匂いや変わった匂いが漂っています。くさい物質といったらアンモニアでしょうか。いえいえ、そのほかにもいろいろあります……

注意！

見知らぬ物質の匂いは絶対に吸い込まないで。重い症状が出ることがある。

食べ物の嫌な匂い

硫化水素（硫黄化合物）は腐った卵に含まれ、ほんとうに嫌な匂いがする。また、アリシン（硫黄化合物）はニンニクの強烈な匂いのもと。

気付け薬

気を失った人にきつい匂いを嗅がせると意識が戻ることがある。気付け薬は空気と反応してアンモニアガスをほんのわずかに出す。この気体に気付けの効果がある。

死の匂い

強烈な匂いを放つ窒素化合物にプトレシン（putrescine）とカダベリン（cadaverine）がある。英語で「腐った」はputrescent、嫌な匂いを放つ「死体」はcadaverという。

スカンクの噴射物

スカンクは、どんな相手でも逃げ出してしまうような恐ろしい匂いを放つ。匂いのもとは硫黄化合物のチオール。その強さは1キロメートル以上先でもわかるほどだ。この噴射物が目に入ったら、しばらく目が見えなくなることもある。

酪酸の匂い

酪酸の匂いは一度嗅いだら忘れられない。パルメザンチーズや傷んだバター、吐いたものや、お風呂にしばらく入ってない人からも漂ってくる。

実験室の排気装置

くさいだけでなく危険な気体が出る化学反応もある。そのような反応が起こる実験は排気装置（ドラフトチャンバー）の中で行う。排気装置の上部についている送風機によって気体が確実に取り除かれる。

あれもこれも化学

世界中の化学者たちが、物質のなぞを解き、そのしくみを明らかにする研究に取り組んでいます。化学が関係していることは、想像以上にたくさんあります。

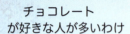

チョコレートが好きな人が多いわけ
チョコレートにはトリプトファンとテオブロミンという化合物が含まれている。どちらも体の中で反応して、心地よくしたり、緊張をほぐしたりする。

血液の判別
乾いたケチャップのような赤い染みと乾いた血液を区別するのは簡単ではない。刑事はルミノールという化合物を疑わしい赤い染みに吹きかける。染みが血液ならば青く光る。

食用香料
シナモンアルデヒドは天然のシナモンの香りを醸し出す物質。実験室や工場でも同じ化合物がつくられ、人工の食用香料として使われる。

芝刈りの匂い
芝を刈るとヘキセナールという物質の匂いが立ちこめる。ヘキセナールは昆虫の体でもつくられ、異性を引きつけるはたらきがある。

標本の保存
ホルムアルデヒドは強い匂いの液体。動物や人の臓器の標本を保存するのに使われる。標本をホルムアルデヒドに浸すと腐敗しなくなる。

ホルムアルデヒドの中で保存される脳。

危険な帽子
19世紀、帽子の見栄えをよくするために水銀が使われていた。帽子をつくるときに水銀を含む蒸気を吸ったために神経に異常をきたし大声でわめいたり、体を震わせたりしてしまう帽子職人もいた。

化学はどんなふうに役立っているの？

物質を明らかにする方法

さまざまな単体や化合物を突き止めるのは骨の折れる作業です。大きな研究所では、質量分析計というとても便利な装置を使って研究を進めます。

質量分析計の中で起こっていること

1. 試料をとかし、沸騰させて気体にしてからさらにイオンにする。
2. イオンに電気と強力な磁気を作用させる。
3. その結果、違う質量と電荷をもつイオンはそれぞれ異なる速さと向きで装置の中を通り抜ける。

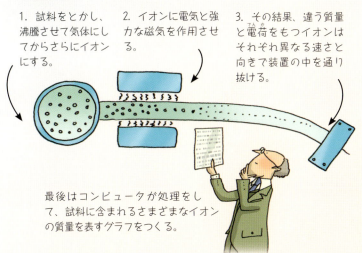

最後はコンピュータが処理をして、試料に含まれるさまざまなイオンの質量を表すグラフをつくる。

質量分析計の活用

空港には乗客が立ったまま入れる大きな質量分析計を備えたところもある。乗客の衣服についている粒子を吸い込み、違法な薬や爆薬を持っていないかを調べる。

ミクロの研究

物質を確かめるには、X線や電子線を使って観察するという方法もあります。この方法を紹介します。

X線

X線を結晶に当てると通り抜けたり、跳ね返されたりして、分子がどのようにつながっているかを知ることができる。
ロザリンド・フランクリンはX線結晶学の技法を使ってDNAの結晶を調べた。フランクリンの研究が鍵となって、DNAの構造が明らかにされた。

フランクリンの撮影したX線写真

SEMで見た酸化銅の結晶

走査型電子顕微鏡

走査型電子顕微鏡（SEM）を使うとふつうの顕微鏡では見えない小さなものまでくわしく観察できる。SEMでは物質の表面に電子線を当てて、反射した電子を記録し、コンピュータで処理して表面の画像を映し出す。

化学はどんなふうに役立っているの？

物質の正体を突き止める簡単な方法はあるの？

なぞの物質を確かめたいとき、研究室では質量分析計を使います。ですが、そのような大がかりな装置がなくても物質の正体を突き止めることができます。学校の理科室でできる簡単な方法もありますよ。次の分類チャートにしたがって進めば、なぞの固体がどんな物質なのかおおよそわかります*。

分類チャート　その1

まず調べたい物質が単体または化合物であることを確かめましょう。混合物ならば、単体または化合物を取り出します（114〜117ページを参照）。分類チャートには物質の正体を突き止めるためのいくつかの質問と、自分でできる操作が示してあります。でも、たまに正解にたどり着けないこともありますよ。

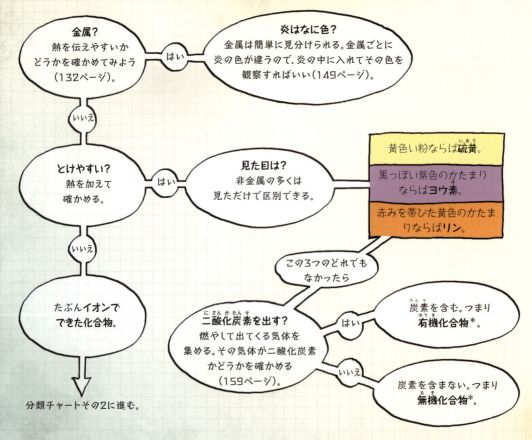

化学はどんなふうに役立っているの？

分類チャート　その2

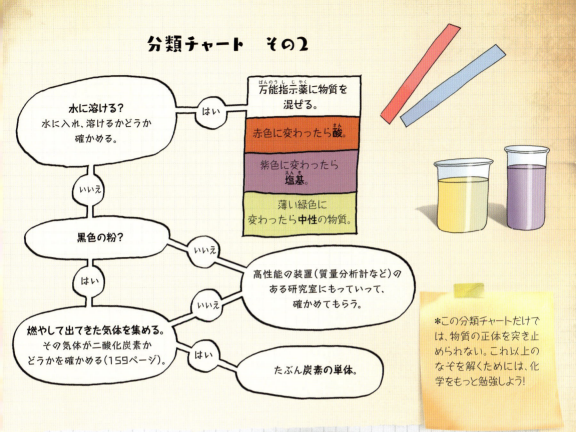

* この分類チャートだけでは、物質の正体を突き止められない。これ以上のなぞを解くためには、化学をもっと勉強しよう！

色のない気体を区別できる？

化学者は物質を反応させるとき、たいていはどんな生成物ができるかを予想します。副生成物として酸素や水素ができると考えられる場合は、結果を確かめることができます。学校の理科室でできる方法を紹介しましょう。

確かめる方法
1. 試験管に気体を集めてふたをする。
2. 木の棒に火をつける。

水素の場合
火のついた木の棒を試験管の口に近づける。水素ならばポンと音がして、炎が出る。

酸素の場合
火を消して、くすぶっている木の棒を試験管に入れる。酸素ならば木は再びよく燃え始める。

年を取るとどうして
白髪になるの？

このカエルはなんの
役に立つの？

地球はなにで
できているの？

星はなにでできている
の？

ミントの葉はなにに
効くの？

パート5
化学の目で見た地球と宇宙

　宇宙と、宇宙の中にあるすべての恒星と惑星は遠い昔に生まれましたが、そこには化学反応が大きくかかわっています。宇宙が誕生してから休むことなく化学反応が起こり、陸地や海や空の姿を変えてきました。また、化学反応はすべての生物の生と死にかかわっています。元素はどのようにしてできたのか、岩石や空気はなにでできているのか、私たちが生きていくためにはどのような物質が必要なのか、くわしく見ていきましょう。

元素はどこから来たの？

宇宙はおよそ138億年前の爆発によって誕生したと考えられています。爆発した直後は1種類の元素しかありませんでした。それは水素です。やがて数え切れないほど膨大な数の水素が押しつぶされて、星の赤ちゃんができました。

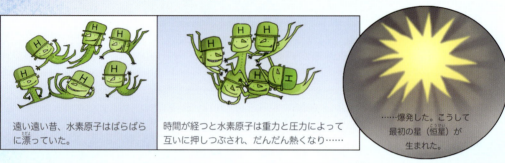

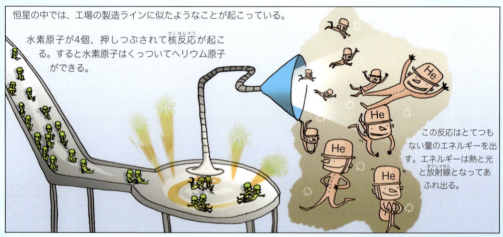

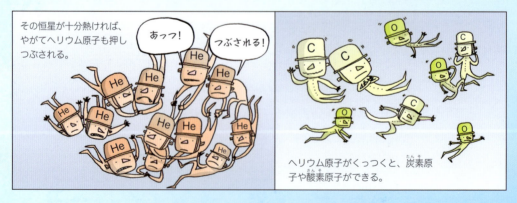

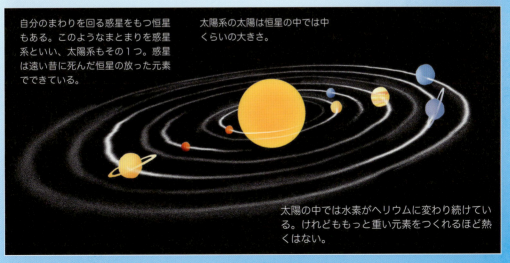

岩石はどうなってるの？

地球の表面は陸上も海底も岩石でできています。岩石はなにもしないただのかたまりのように見えるかもしれませんが、今まで見てきたものと同じように、じつは化学と深くかかわっています。

洞窟の石灰岩

石灰岩でできた洞窟の中では立派な自然の彫像がゆっくりとつくられている。

ステップ1．雨が降ると洞窟に水がしたたりながら、石灰をわずかに溶かし込む。
ステップ2．洞窟の天井から床に水が落ちる。
ステップ3．水が蒸発すると少しだけ石灰が残る。数千年が経つと、わずかだった石灰が石筍や鍾乳石になる。

床から伸びる石筍と天井からぶら下がる鍾乳石。

山の崩壊

たいていの山の岩肌には小さな裂け目がある。そこに雨水が流れ込み、そのまま凍ることがある。氷になると水よりも体積が増えるので、裂け目が広がる。

このようなことを何千年も繰り返すうちに裂け目がどんどん広がり山の一部が崩れる。

おもな岩石の種類

1. 火成岩

地球の内部には**マグマ**という高温でとけた岩石がある。マグマが少しずつ冷えると、花崗岩や安山岩などの**火成岩**になる。

アメリカのラシュモア山は花崗岩でできている。

2. 堆積岩

堆積岩はおもに海底で土砂や貝殻の小さなかけらが押しつぶされてできる。砂岩や石灰岩などの岩石をつくる。

イギリスのキルバーンにある白い馬は砂岩を彫り、その上を石灰岩で覆ってつくられた。

3. 変成岩

変成岩は、地下で堆積岩や火成岩が熱せられたり、押しつぶされたりしてできる。化学反応によって大理石や粘板岩などの硬くて光沢のある岩石がつくられる。

大理石を彫ってつくられた古代ローマの墓。

化学の目で見た地球と宇宙

岩石の循環

地球上の岩石はとてもゆっくりですが休むことなく変化し続けています。だからもし未来にいけたら、今とはまったく違う景色が広がっているはずです。山が違う場所にあったり、形を変えていたり、岩石の種類が変わっていたりするかもしれません。

川の水や雨水が岩石の表面を**侵食**し、大きな岩石は土砂になり、海に堆積します。何百万年もすると、この堆積物が積み重なり、押しつぶされて堆積岩になります。地中の深いところでは大きな圧力と高い熱が加わり、火成岩や堆積岩が新しい種類の変成岩になります。変成岩はやがて超高温の地球の内部に押し込まれ、とけてマグマになります。このように岩石は循環しています。

地球を覆うプレート

地下の深い場所はとても熱く、岩石がとけて液体になり、**マントル**という層をつくる。

マントルの上、つまり地球の表層（**地殻**）は**プレート**とよばれる岩盤に分かれている。プレートは動き続けているけれども、その速さはとてもゆっくりだ。

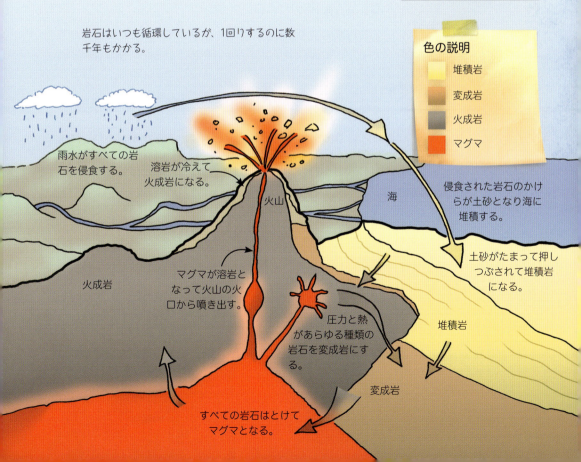

岩石はいつも循環しているが、1回りするのに数千年もかかる。

色の説明
- 堆積岩
- 変成岩
- 火成岩
- マグマ

雨水がすべての岩石を侵食する。

溶岩が冷えて火成岩になる。

火山

火成岩

マグマが溶岩となって火山の火口から噴き出す。

圧力と熱があらゆる種類の岩石を変成岩にする。

海

侵食された岩石のかけらが土砂となり海に堆積する。

土砂がたまって押しつぶされて堆積岩になる。

堆積岩

変成岩

すべての岩石はとけてマグマとなる。

空気はどうなってるの？

地球には厚い**大気**の層があります。大気は気体の混合物で、天気の変化を引き起こします。私たちが吸い込んでいる空気も大気の一部です。

大気のうち地球のはるか上空にある層はオゾン（O_3）層とよばれ、太陽の出す有害な光線を吸収し、地表に届かなくしています。オゾン層より下では二酸化炭素などの気体が熱を吸収しているおかげで、地球はちょうどいい暖かさに保たれています。ところが人類は発電所や工場や自動車などを次々と発明し、大気中に有害なガスを大量に放出するようになりました。空気は汚れ、呼吸をするのも苦しくなるほどです。有害なガスは酸性雨も引き起こし、植物を枯らしたり、建物をとかしたりします。また、オゾンと反応して、オゾン層に穴を開けてしまうものもあります。

温室効果

二酸化炭素は**温室効果ガス**ともよばれます。それは、地球をくるんで、太陽の熱が出ていくのを防ぐ毛布のようなはたらきをするからです。このようなはたらきを**温室効果**といいます。温室効果ガスがないと地球は冷えすぎてしまい、人類は生きていくことができません。ところが私たちは現在、あまりにもたくさんの二酸化炭素を出しているため、地球が温かくなりすぎていて、とても心配な状況です。

石油や石炭などの化石燃料にはさまざまな種類の炭素化合物が含まれています。炭素化合物を燃やすと酸素と反応して二酸化炭素が大量につくられます。また、メタンやエアロゾルスプレーの成分にも温室効果があります。こういった有害なガスを放出しないでエネルギーを生み出す方法が現在、世界中で研究されています。

雷とオゾン
雷が落ちると変な匂いがする。この匂いの正体はオゾン。地上近くにオゾンが大量にあると呼吸障害を引き起こすこともある。

大気の層
大気はいくつかの層でできている。

熱圏：イオンがたくさんあり、太陽からの有害な光線をさえぎる。

中間圏：高度が高くなるほど気温が下がる。

オゾン層：成層圏の上部に位置する。

成層圏：飛行機の飛ぶ高度。

対流圏：気象現象が起こる。

化学の目で見た地球と宇宙

生物の化学

植物も動物も不思議な物質をたくさん隠しもっています。動物の息の根を止めてしまう恐ろしい毒があるかと思えば、人の命を救う薬の原料もあります。

鋭い棘を見せているフグ。

カエルの毒

南米にすむモウドクフキヤガエルはバトラコトキシンという毒を皮ふから出す。この毒は、襲いかかってくる小動物の心臓を麻痺させる。熱帯雨林の住人はこの毒を集めて、吹き矢の先に塗る。

魚の毒

フグの皮ふと内臓にはテトロドトキシンという猛毒がある。この毒を含む部位を食べると死亡することもある。

ソクラテスの死！

古代ギリシャの哲学者ソクラテスは危険な考えを教えたという罪で死刑判決を受け、ドクニンジンで処刑された。ドクニンジンにはコニインという猛毒が含まれる。

自然界の薬

昔の人は、世界中どの土地でも、植物で痛みを和らげたり、病気を治したりしていました。現在は、さまざまな植物の中からよく効く成分を見つけだし、その成分をもとに薬がつくられています。

古代インドでは熱を下げるために柳の樹皮を咬んでいた。柳の樹皮にはサリチル酸が含まれる。現在ではサリチル酸からアスピリンがつくられている。アスピリンには痛みを抑え、熱を下げるはたらきがある。

2,500年ほど前、シュメール人はミントの葉で胃の痛みを抑えていた。ミントの葉には、痛みを鎮めるはたらきのあるメントールという化合物が含まれている。

古代ローマ人はナツシロギクで頭痛を治していた。パルテノリドという成分に、痛みや腫れを和らげるはたらきがある。

薬の検査

カブトガニから取り出した青色の血液は細菌と反応する。この反応を利用して、薬品が細菌に汚染されていないかどうかを確かめることができる。

カブトガニ

体がはたらくしくみは？

人の体はさまざまな物質のおかげではたらき続けています。私たちが健康で生きていられるのは、体の中でたくさんの化合物を利用しているからです。

人をはじめ、ほとんどの動物の血液には鉄の化合物、ヘモグロビンが含まれています。ヘモグロビンは肺から体のすみずみまで酸素を運びます。私たちの血液が赤いのはこのような鉄の化合物を含むからです。カブトガニなどの海の生物の中にはヘモシアニンという化合物を血液に含むものもいます。ヘモシアニンは鉄ではなく銅を含むので、血液の色は青色になります。

食べ物に含まれる元素の利用

たいていの食べ物は炭素と水素と酸素を含んでいます。私たちの体はこれらの元素を利用してエネルギーをつくっています。成長したり、傷を治したり、病気と闘ったりするためには、少量ですが金属などの元素（ミネラル）も必要です。

キャベツの葉にはリンが多い。リンは免疫系を強くする。

ブルーチーズに含まれるたくさんのナトリウムは脳と神経に重要だ。

ホウレン草は血液に必要な鉄を含む。

牛肉にはカリウムとリンが含まれる。どちらも神経と骨に欠かせない。

甲殻類に含まれるセレンは、体中の化学信号を調節するはたらきを助ける。

化学の目で見た地球と宇宙

化学の目で見た私たちの一生

私たちの体の中では休むことなく絶えず化学反応が起こっています。
その一方で、決まった時期にだけ起こる重要な化学反応もあります。

出産とホルモン
赤ちゃんを産んだばかりの母親の体にはオキシトシンというホルモンが多い。オキシトシンは赤ちゃんとのきずなを深める。

ウイルスへの抵抗性
天然痘などのウイルスに感染すると、体はインターフェロンというタンパク質を出す。インターフェロンは、ウイルスの増殖を抑える。

愛とホルモン
恋に落ちると2種類のホルモン、ドーパミンとセロトニンが脳から分泌され、体中を駆け巡る。このホルモンによってあたたかくて寄り添いたくなるような気持ちが芽生える。

睡眠とホルモン
メラトニンは眠る時間を体に教えてくれるホルモン。ふつうは夜になると脳から分泌される。ところが10代の若者の場合は少し遅い時間に分泌されることが多い。だから夜遅くまで目がさえて、朝もなかなか起きられない。

運動とホルモン
たくさん運動をすると脳はエンドルフィンというホルモンを分泌する。エンドルフィンは体中を駆け巡り、痛みを抑え、気分をよくする。

髪の毛の色
髪の毛の色はメラニンという化合物でできている。年を取るとメラニンがだんだんつくられなくなる。そして髪の毛の色がなくなり白髪になる。

死体の変化
人が亡くなると細菌が体の成分を分解し始める。腐敗によって気体が発生して皮ふの下にたまるので体はふくらみ、緑色に変わる。

化学のたどってきた道のり

人類は何千年も前から物質についてあれこれ考えてきました。750年ごろ、アラビアの科学者がこのような研究に、化学という意味をもつアルケミア（alquemia）と名前をつけました。この言葉がヨーロッパに伝わり、英語では alchemy（錬金術）となりました。その後、物質を研究する科学が少しずつ発展して、現在の私たちが知っている化学（chemistry）になりました。

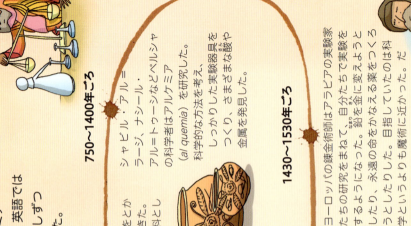

80万年前ごろ
人類は火を起こす方法を見つけた。いろいろ試して熱や光として使ったり、調理に利用するようになった。

5,300年前ごろ
穀類と水を混ぜると反応が起こってビールができることを、古代エジプトやメソポタミアの人が発見した。

5,000年前ごろ
中東で金属職人が銅にスズをして混ぜたところ青銅ができた。青銅はじょうぶで、鍋の原料として使われた。

750〜1400年ごろ
シャビル・アブル＝ラーゾ、ナシール・アルートゥーンなどペルシャの科学者はアルケミア（al quemia）を研究した。しっかりした方法を考え、科学的な方法を考え、しっかりした実験器具をつくり、さまざまな酸や金属を発見した。

1430〜1530年ごろ
ヨーロッパの錬金術師はアラビアの実験家たちの研究をまねて、自分たちで実験をするようになった。鉛を金に変えようとしたり、永遠の命をかなえる薬をつくろうとしたりした。目指していたのは科学というよりも魔術に近かった。だが重要な発見もいくつかあり、スイスの錬金術師パラケルススは実際に効果のある薬をつくった。

1661年
ロバート・ボイルが『懐疑的化学者』という本を出版した。この本の中でボイルは、錬金術師の行う実験を批判した。また、物質はたくさんの小さな部分でできているという考えを提案した。

1770年代
化学反応ではものを構成する要素は新たにつくられないし、壊れもしない。単に入れ替わっただけだということをアントワーヌ・ラボアジエが証明した。この法則を現在では「質量保存の法則」という。

1800年
アレッサンドロ・ボルタが金属と食塩水で実験をして「ボルタ電堆」をつくった。これが世界初の電池だった。

1810年代
ハンフリー・デービーはナトリウム、カリウム、カルシウム、マグネシウム、塩素などの元素を発見し、名前をつけた。

1800年代~1830年代
ジョン・ドルトンは気体と蒸発に関する研究をもとに正しい原子の理論を導いた。

1848年代
ケルビン卿が新しい温度の単位に自分の名前をつけた。0ケルビン（絶対零度）は原子が動かなくなるくらいにとても低い温度。

1869年
ドミトリ・メンデレーエフは、当時わかっていた元素をすべて周期表にまとめた。まだ見つかっていない元素があったので、表には空欄を残した。

1897年
J.J.トンプソンは陰極線という光線を研究して、小さくて負の電荷をもつ粒子を発見した。それが電子だった。

1898年
キュリー夫妻は石炭のちりの中から2種類の放射性元素ラジウムとポロニウムを見つけた。

1915~1923年
ジョージ・ワシントン・カーバーはアメリカの農場の土の養分を人工的な肥料にたよらず、安い作物を育てられるようにした。また、ピーナッツから取り出した化合物をさまざまなものに利用した。

1918年
アーネスト・ラザフォードが陽子を発見した。

1932年
ジェームズ・チャドウィックが中性子を発見した。

1985年
バックミンスターフラーレン（バッキーボール）が発見され、新しい科学の分野、ナノテクノロジーが始まった。バッキーボールを使ってとても小さな装置をつくる研究が進められている。

2001年
化学者チームが新しい抗がん剤グリベック®を開発した。現在も命を救う新しい薬が研究されている。

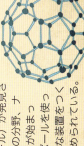

すごく面白くて とても よくわかる物理

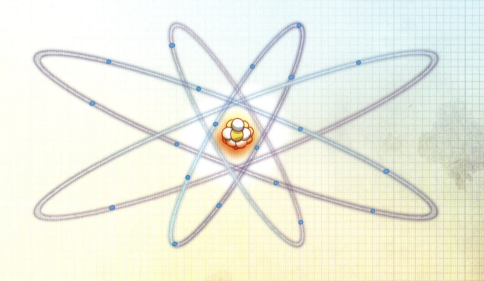

目次

はじめに
- 186　物理学ってなにをするの？
- 188　物理学の広がり

パート1　すべての始まり
- 192　宇宙はどのようにして始まったの？
- 194　すべてのものはなにでできているの？

パート2　力を感じる
- 200　速さと速度
- 202　質量と運動量
- 205　摩擦力
- 206　これが運動の3法則だ！
- 208　仕事
- 210　引力と重力
- 213　向心力と遠心力
- 214　重心
- 216　圧力
- 218　密度とものの浮き沈み

パート3　あそこにもここにもエネルギー
- 222　エネルギーはスーパーヒーロー
- 226　仕事率ってなに？
- 227　エネルギーと物質の状態
- 232　波ってなに？
- 234　電磁波
- 236　光の世界
- 242　音の世界

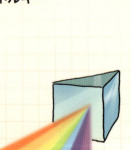

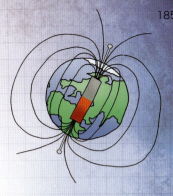

パート4　電気がビリッ！

248　電気はどこからやってくるの？
250　電気はどうして流れるの？
252　いろいろな回路
256　磁石ってなに？

パート5　宇宙大冒険

262　銀河系
263　太陽の地球
264　月と地球
266　私たちのいる太陽系
268　物理学のたどってきた道のり

実験や工作について

自然物、火、薬品、刃物、壊れやすい物などを扱う場合、または生き物や体の部位を観察する場合には、安全性と倫理観に十分ご留意いただき、できれば保護者や先生、大人の方と一緒に、配慮をもって取り組んでくださるようにお願いします。

はじめに

物理学ってなにをするの？

物理学は、物事のはたらきやしくみを研究する学問です。物理学者は、生命や宇宙をはじめとして、ありとあらゆることを研究しています。たとえば、スプーンをコーヒーカップに入れると熱くなるのはなぜかとか、海の底まで潜ると体はどうなるかとか。

でも、それだけじゃありません。もっと大きな問題にも取り組んでいます……

宇宙はなにからできてるの？

じつは宇宙にあるものは1つ残らず、原子（げんし）というとっても小さな粒子からできています。じゃあ、原子よりも小さなものはないの？　それにそもそも、この原子ってものはどこから来たの？　わかってきたことも多いのですが、物理学者はまだ数多くあるわからないことに挑戦しています。

宇宙はどんなしくみになってるの？

残念ながら、宇宙全体のしくみはまだよくわかっていません。でも、この宇宙のあちらこちらで起こっているいろいろなことのしくみなら、かなり説明できるようになってきました。どうして季節があるの？　ものが地面に落ちるのはなぜ？　そんな疑問に物理学は答えてくれます。

物理学が役立つ仕事

物理学を学ぶ人の全員が科学者になるわけじゃない。物理学がいかせる仕事はたくさんある。

建築家
倒れない建物を設計するには、いろいろな物理法則を理解しておく必要がある。

コンピュータゲームのプログラマー
いろいろな物理法則を活用して、よりリアルなゲームをつくる。

パイロット
飛行機が飛ぶしくみを知らなければならない。飛行機の飛ぶしくみは物理学で説明できる。

医師
さまざまな医療機器のしくみを理解するには、物理学の知識が必要。

はじめに

エネルギーってなんだろう？

エネルギーとは、物事を起こす源となるものです。自動車が動くのも、太陽が輝くのも、電気が流れるのも、エネルギーがあるからです。エネルギーがなければ、この宇宙は冷たく、音も聞こえない、退屈な場所になってしまうでしょう。

物理学者はいろいろな種類のエネルギーを研究しています。そして、電力の供給がストップしてしまわないように、新しいエネルギー源の開発も進めています。

稲妻（いなずま）は空にひらめく電気エネルギーだ。

宇宙にはなにがあるの？

物理学はあらゆるものを研究する学問です。だから物理学者は、私たちの住む地球にとどまらず、その先にある宇宙も研究しています。

宇宙と地球では、物事のしくみになにか違いがあるのかな？ 宇宙を旅すれば、時間は変化するのかな？ こうした問題に取り組む物理学者は天体物理学者とよばれます。だから星空を研究する天文学者も物理学者です。

星空を見上げると、はるかなる宇宙が広がっている。

未知なるものへの旅

物理学はとってもわくわくする学問で、発見されていないことがまだまだたくさんあります。携帯電話を使うとがんになるのか、ほかの惑星（わくせい）に生命が存在するのかといった問題も研究しています。すべての答えがはっきりわかるわけではありませんが、科学者は物理学を手がかりにして真実に近づいていきます。

物理学の可能性

いつかどこかの実験室で、物理学にのめり込んだ学者が、ビーカーの中にまったく新しい宇宙をつくり出すかもしれない。

物理学の広がり

はじめに

「物理学」という言葉ができる前から、人類は何千年にもわたって物理学を研究し、その発見を利用して暮らしを楽にしてきました。初めてカヌーをつくった人も車輪を発明した人も、だれもがさまざまな物理法則を利用していたのです。物理学がなければ、見ることもなかったものはたくさんあります……

パラシュート

1617年、クロアチアの発明家ファウスト・ブランチッチは、傘のようにカーブさせた布を背中にひもでくくりつけて、簡単なパラシュートをつくった。高い塔から飛び降りたところ、この形のおかげでゆっくり着地することができた。

電話

電話は1876年、スコットランドのアレクサンダー・グラハム・ベルによって発明された。ベルは何年もかけて、音がどのように生じ、どのように進むのかをくわしく調べた。

電球

1878年、イギリスのジョゼフ・スワンとアメリカのトーマス・エジソンがほぼ同時に電球を発明した。どちらが先に発明したかでもめることもなく、2人は共同で事業を進めた。

オートバイ

1885年、ドイツの技術者ゴットリーブ・ダイムラーは、木製の自転車にエンジンを取り付け、最初のオートバイ（かなりふらついた）をつくった。

飛行機

ライト兄弟は、1903年にアメリカで初の動力飛行を行った。飛行機が空中に浮かんでいたのは、わずか12秒間。着陸したときに風で吹き飛ばされたため、また新しくつくり直すはめになった。

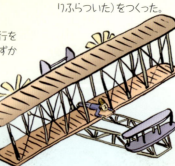

はじめに

コンピュータ

最初のコンピュータの1つ「エニアック」は、2人のアメリカの科学者ジョン・モークリーとジョン・プレスパー・エッカートによって設計され、3年がかりでつくられた。1946年に完成したコンピュータは、なんと教室5つ分のスペースを占めた。家庭用コンピュータは1975年にようやく発明された。それまでのコンピュータは、家に置くには大きすぎた。

テレビ

最初のテレビは1925年、スコットランドの発明家ジョン・ロジー・ベアードによって発明された。つくられた場所は屋根裏部屋で、材料は日用品だった。1929年には、英国放送協会（BBC）がベアードのテレビシステムを使ってテレビ番組を放送した。

電子レンジ

1945年、アメリカの科学者パーシー・スペンサーがマグネトロンという機械のそばを通ったとき、ポケットのチョコバーがいきなりとけてしまった。スペンサーは、その原因がマグネトロンから放出された一種のエネルギーであることを突き止めた。そして、マグネトロンを使って電子レンジを発明した。

ワールドワイドウェブ

1989年、イギリスの科学者ティム・バーナーズ＝リーは情報をコンピュータどうしで素早く簡単に共有する方法を発明した。この方法はワールドワイドウェブとよばれ、今日、世界中のコンピュータをつないでいる。

MP3プレーヤー

MP3形式のデータファイルは、ドイツとアメリカの技術者チームによって開発された。MP3はコンピュータファイルの一種で、音楽や映像のデジタルデータを入れておける。最初のMP3は1994年にインターネット上で公開されたが、MP3プレーヤーが販売されたのは1998年になってからだった。

次に発明されるのは？

物理学者は次々と新しい発見をしている。だから現在は不可能と思われているものでも、いつかは現実のものとなるかもしれない。そのうち、ロケット推進式スケートボードで空中を突っ走ったり、休みの日には自家用宇宙船で月まで旅をしたりしているかも。びっくりするような発明品の話を聞いたら、それはきっと物理学のおかげだと思うよ。

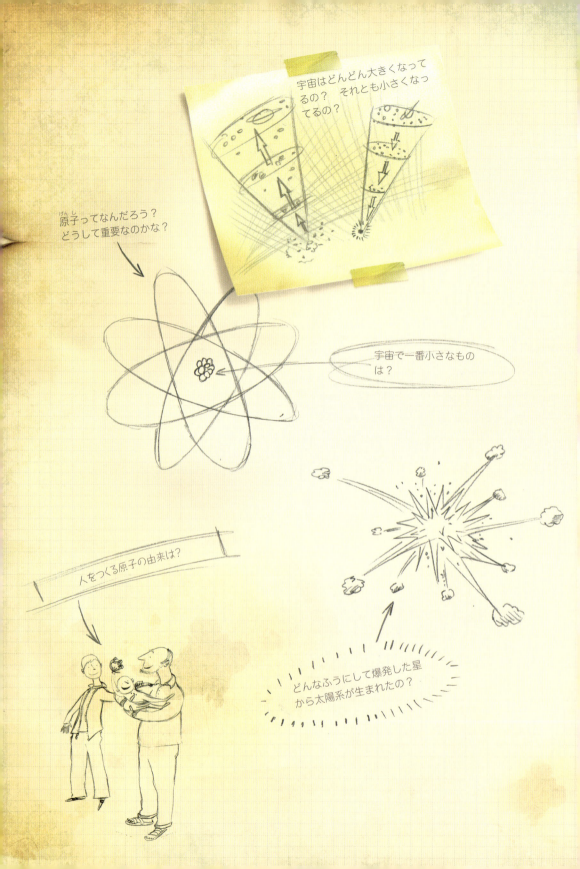

パート1
すべての始まり

物理学は、宇宙が生まれたまさにその瞬間から始まります。宇宙ができる前は、なにもありませんでした。音もなく、光も闇もなく、時間も空間も存在していませんでした。それでは、宇宙にあるすべてのものはどのようにしてできたのでしょうか？ そして、なにからつくられたのでしょうか？
ここでは宇宙の誕生と、宇宙にあるすべてのものをつくり上げているとっても小さなものをくわしく見ていきましょう。

宇宙はどのようにして始まったの？

科学者たちは、宇宙がどのようにして誕生したのかをなんとかして解き明かそうと、今も研究を続けています。宇宙がいつ、どのようにして始まったのか、正確なことはだれにもわかりませんが、1940年代に**ビッグバン**という理論が考え出されました。わかりやすくいうと、こんな感じの理論です。

ビッグバン

約138億年前までは、なにもありませんでした。そして突然、バンと、「なにか」が生まれました。なにもないところから「なにか」が、つまり、無から有が生じたのです。そのしくみは、まだわかっていませんが、とにかくそうなったのです。そして、生まれた「なにか」は、とんでもなく小さな点でした。この点は驚くほど小さく、押しピンの頭の数千分の1ほどの大きさしかありませんでした。けれども、その中には、この宇宙に存在するすべての物質とエネルギーが含まれていました。小さな点は爆発し、あっという間にふくらんでいきました。

1秒もしないうちに、点は非常に熱い巨大な火の球となり、さらにどんどん大きくなっていきました。大きくなるにつれて冷えていき、物質のかたまりができ始めました。約10億年後、こうしたかたまりがくっつき合って、最初の星が生まれました。

宇宙創造説のあれこれ

昔から物理学者ではない人たちも、宇宙がどのようにして始まったのかをあれこれ考えていた……

古代中国の神話では、宇宙は巨人が巨大な卵からかえったときに始まったそうだ。卵は天と地になり、巨人の両目は太陽と月に変わった。

アフリカの神話では、ムポポという巨人がひどい腹痛におそわれ、太陽や月、星をはじめありとあらゆるものを吐き出したという。

1975年、フランスのレーシングドライバー、クロード・ボリロンが、ラエリズムとよばれる教団を設立した。信者たちは、宇宙人が優れた技術を使って、地球に人をはじめとする生命をつくり出したと信じている。

すべての始まり

音はしなかった
科学者は宇宙の始まりをビッグバンとよんでいますが、なにも、バンッと大きな音がしたわけではありません。実際には、物音ひとつしませんでした。それは、なにもないところでは音は伝わらないからです。

宇宙はどんなふうに終わりを迎えるの？
宇宙は今もふくらみ続けています。物理学者の中には、宇宙は永遠に膨張し続けると考える人もいれば、いずれバリバリッとビッグクランチが起こって完全になくなり、その後、再びバンッとビッグバンが起こると考える人もいます。

別の宇宙には、もう1人の自分が
ひょっとしたら、この宇宙のほかにも別の宇宙があるかもしれません。少しずつ異なる宇宙が無数に存在していると考える物理学者もいます。そして、それぞれの宇宙はみな膨張し続けていて、互いに近づきつつあるというのです。
だとすると、今から数十億年後には、無数の宇宙がすべてくっついて、1つの超宇宙ができることになるかもしれません。そのとき、人がまだ存在していたら、別の宇宙に住む、自分とうりふたつの人物に出会うことができるかも。

太陽も惑星も人も星の爆発から生まれた
太陽系（太陽とそのまわりを回る惑星）は、宇宙が始まってから約100億年後にできあがった。巨大な星の1つが爆発し……

……あとには、ちりや気体（ガス）の雲が残された。

ちりと気体がだんだんくっついて、太陽と惑星をつくった。そしてついに……

……人をつくった。

宇宙はどんな形をしてるの？
宇宙の形はまだなぞのままだ。一部の科学者は、球のように丸いと考えているが、チューブのような形、あるいは巨大なドーナツのような形をしているのではないかと考える科学者もいる。

すべてのものはなにでできているの?

はるかかなたの星から足元の地面にいたるまで、宇宙のすべては原子（げんし）という驚くほど小さなものからできています。原子はとても小さいので、倍率の高い装置がなければ見ることができません。この「・」には、なんと約2億個もの原子が含まれています。

分子と元素（げんそ）

原子がひとりぼっちでいることはめったにありません。ふつうは結合してかたまりになり、**分子**をつくります。すべての物質は、原子か分子でできています。

1種類の原子だけでできていて、それ以上単純な物質に分けられない物質の基本的な成分を**元素**といいます。これまでに発見された元素は118種類あります。たとえば、炭素（たんそ）、鉄（てつ）、アルミニウム、金（きん）なんかは、どれも元素です。

鉛筆の先っぽを数百万倍に拡大すると、炭素原子がずらりと並んでいるのが見える。とがった鉛筆の先にはなんと500万個もの炭素原子がある。

人をつくる原子の由来

すべての原子はビッグバンの瞬間にできた粒子がもとになっている。最初に簡単な水素原子やヘリウム原子ができたあと、それらがもとになって大きな原子ができた。だから人をつくる原子は宇宙ができる過程でつくられたものに由来しているんだ。

なにからできているの?

おまえと同じだよ。

う〜、わたちも。

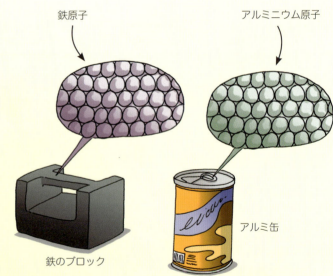

鉄原子

アルミニウム原子

鉄のブロック

アルミ缶

けれども、ほとんどの物質には、複数の原子でできた分子が含まれています。たとえば、水分子は水素原子（すいそ）と酸素原子（さんそ）がくっついてできています。

すべての始まり

原子よりも小さなもの

19世紀末には、原子は宇宙で一番小さなものではなく、もっと小さな粒子からできていることがわかっていました。その粒子は、ブドウパンの中のブドウのように原子のあちこちに散らばっているのではないかと物理学者は考えました（ブドウパン型原子モデル）。

1909年、アーネスト・ラザフォードという科学者が、金箔（きんぱく）の薄い板にアルファ粒子ともよばれる小さなヘリウム原子をぶつけて、このモデルを確かめてみました。ラザフォードの予想では、アルファ粒子は金箔を一直線に通り抜けるか、まるで「ブドウ」（原子より小さな粒子）に当たったみたいに、少し斜めにそれるはずでした。

ラザフォードが予想していたのは

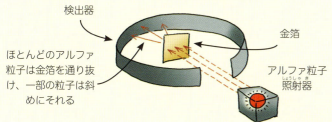

けれども実験をしてみると、一部のアルファ粒子が跳ね返ってきたのです。それはまるで原子の真ん中に密集した部分があって、そこに当たったかのようでした。

実際に起こったのは

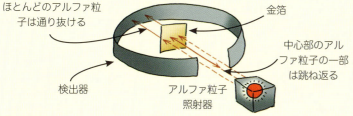

ラザフォードはびっくりしました。そのときの驚きを、「まるで薄い紙をめがけて弾丸を発射したのに、その弾丸が戻ってきて自分に命中してしまったのと同じくらい信じられない」といっています。ラザフォードが発見したものはいったいなんだったのでしょうか？　答えは次のページに……

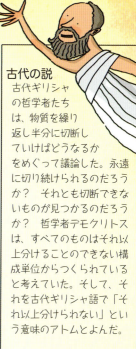

古代の説

古代ギリシャの哲学者たちは、物質を繰り返し半分に切断していけばどうなるかをめぐって議論した。永遠に切り続けられるのだろうか？　それとも切断できないものが見つかるのだろうか？　哲学者デモクリトスは、すべてのものはそれ以上分けることのできない構成単位からつくられていると考えていた。そして、それを古代ギリシャ語で「それ以上分けられない」という意味のアトムとよんだ。

すばらしき物理学者：アーネスト・ラザフォード（1871〜1937年）

アーネスト・ラザフォードは、1908年にノーベル化学賞を受賞した。彼は、化学者ではなく物理学者だったので少しとまどったそうだ。

だが、そんなことはたいした問題ではなかった。ラザフォードにとっては、物理学こそが「たった1つの本当の科学」であり、化学は物理学の一部門にすぎないと考えていたからだ。

すべての始まり

原子の中にはなにがあるの？

原子は、太陽系を思いっきり小さくしたような構造をしています。真ん中には、ラザフォードが発見した密集した部分があります。これが**原子核**です。

原子核は、**陽子**と**中性子**という小さな粒子がぎゅっとつまったボールのようなものです。原子核のまわりを**電子**というさらにもっと小さな粒子がものすごい速さで回っています。ちょうど、太陽のまわりを惑星が高速で回っているようなものです。

小さな原子と大きな原子

原子はどれも小さいが、その大きさは原子ごとに違う。それは電子の数がそれぞれ異なるからだ。
一番小さいのは水素原子で、原子核のまわりを回る電子が1個しかない。一番大きな原子は100個以上の電子をもつ。

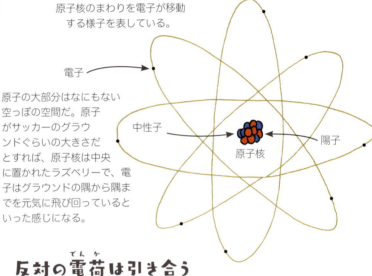

原子のモデル。周囲の線は、原子核のまわりを電子が移動する様子を表している。

電子
中性子
陽子
原子核

原子の大部分はなにもない空っぽの空間だ。原子がサッカーのグラウンドぐらいの大きさだとすれば、原子核は中央に置かれたラズベリーで、電子はグラウンドの隅から隅までを元気に飛び回っているといった感じになる。

ものの中を通り抜けられないのはなぜ？

原子がほぼ空っぽの空間でできているなら、原子からできている人は、同じく原子からできている街灯の柱を通り抜けられないのだろうか？

陽子と電子は互いに引き合うけれども、電子どうしは互いに反発し合う。
つまり、あなたのおでこの端っこにある電子が柱の端っこにある電子に出会うと、互いに押しのけ合うってわけ。

反対の電荷は引き合う

原子が散らばってしまわないのは、種類の異なる粒子が互いに引き合っているからです。「相反するものは互いに引き合う」ということわざがありますが、これは原子についても当てはまります。陽子は正の電荷を、電子は負の電荷をもっています。原子が散らばらないのは、反対の電荷が互いに引き合っているからです。

どんな元素であっても、1つの原子には同じ数の陽子と電子があり、中性子は電荷をもちません。陽子1個がもつ正の電荷と電子1個がもつ負の電荷を合わせるとちょうど打ち消し合います。だから原子は全体として、正の電荷も負の電荷ももちません。

電子のばかやろう！

一番小さな粒子は？

約50年前までは、この世界に存在する物質の中で一番小さな粒子は陽子と中性子と電子だと考えられていました。けれども、その後、陽子や中性子をさらに小さな粒子に分割する方法が発見されました。それは、陽子や中性子を粒子加速器という装置の中で超高速で衝突させる方法です。

今では、陽子と中性子が**クォーク**という驚くほど小さな粒子からできていることがわかっています。クォークは、さらに小さな**グルーオン**が密着してできています。

まだまだ探究は続く……

一番小さな粒子を見つける試みは今も続けられています。物理学者たちは20年の年月をかけて、スイスに大型ハドロン衝突型加速器（LHC）を建設し、あるかどうかさえよくわからない極小の粒子を探し続けていました。まだ発見されていなかったときから、その粒子にはすでに**ヒッグス粒子**という名前がつけられていました。

粒子加速器の内部
反対方向から来た2個の陽子が高速で近づき……

……衝突するとクォークが飛び出す。

大型ハドロン衝突型加速器（LHC）

ビッグバンの再現を目的とするLHCは史上最大規模の実験施設だ。全周が約26.6キロメートル。総工費は約5000億円。

ヒッグス粒子は、もし本当に存在するなら極めて価値が高いので、「神の粒子」とよぶ科学者もいたほどだ。

LHCが動き始めたのは2008年のこと。一部の科学者は、LHCのスイッチを入れると同時に巨大なブラックホールがつくり出されて地球を飲み込んでしまうかもしれないと心配した。しかし、そんなことは起こらなかった。

LHCの内部

2012年7月4日、ついにヒッグス粒子が発見されました。翌年には、ヒッグス粒子の存在を予言したピーター・ヒッグス博士とフランソワ・アングレール博士が、ノーベル物理学賞を受賞しました。

パート2
力を感じる

力は見えませんが、力がはたらくと、ものを動かしたり、向きを変えたりできます。また、ものを加速させたり、減速させたり、形を変えたりもできます。どんなことをするにしても、力はいつも一直線にはたらきます。

私たちにはさまざまな力が絶え間なくはたらいています。多くの場合、力は互いに打ち消し合ってつり合いのとれた状態になっているので、気づかないこともあります。けれどもつり合いが崩れると、力の存在がはっきりわかります。ここからは、さまざまな力とその役割を見ていきましょう。

速さのマジックトライアングル

物理学には、2つの値がわかっているときに、残りの値を求める式がたくさんある。その多くは「マジックトライアングル」で表現できる。

求めようとしている値をかくすと必要な式がわかる。

上の値を求めるには、下の2つの値を掛け合わせる。だから、

距離＝速さ×時間

下の2つのどちらかの値を求めるときは、上の値を下のもう一方の値で割る。だから、

速さ＝ $\frac{距離}{時間}$ または 時間＝ $\frac{距離}{速さ}$

速さと速度

スーパーマーケットでショッピングカートを押しているとしましょう。ものを押すのも力の1つです。押す力の結果として、カートが動きます。強く押す（大きな力を加える）と、カートは速く動きます。つまり**速さ**が大きくなります。では正確にはカートはどのくらいの速さで動いているのでしょうか？

速さとは、ものが一定の時間内に移動する距離のことです。メートル毎秒（m/s）という単位で表されます。速さは次の式で求めることができます。

$$速さ = \frac{距離}{時間}$$

スーパーマーケットにいる人は全員が違う速さで動いています。それぞれの人の速さは次にように表されます。

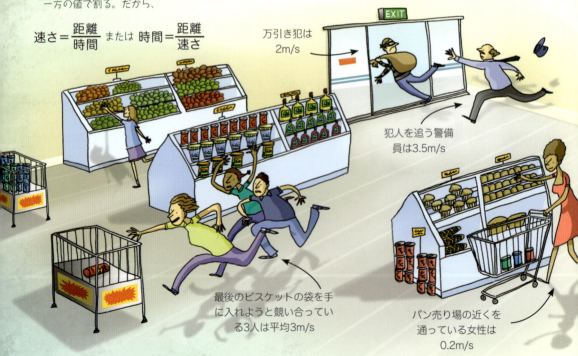

万引き犯は 2m/s

犯人を追う警備員は 3.5m/s

最後のビスケットの袋を手に入れようと競い合っている3人は平均3m/s

パン売り場の近くを通っている女性は 0.2m/s

力を感じる

> スーパーマーケットにいて、なんとしても最後のビスケットの袋が欲しいとしよう。それには12mを駆け抜け、3秒で売り場に着かなければならない。その速さを求めるには、距離をかかる時間で割る。
>
> $$速さ = \frac{距離}{時間} = \frac{12m}{3s} = 4m/s$$
>
> つまり、毎秒4mで進めばよい。これは、スーパーマーケットにいるだれよりも速い。

速度とは？

力はいつも一直線にはたらきます。物理学者は、ものがある決まった方向にどれだけ速く動いているかを**速度**（v）で表します。速度には速さと同じくm/sという単位が使われます。

速さが変わらなくても、方向が変われば速度は変わります。つまり、速度は方向も含んだ速さです。また、加速（スピードアップ）や減速（スローダウン）によっても速度は変わります。

加速度（a）や**減速度**とは、1秒間あたりの速度の変化のことで、単位はメートル毎秒毎秒（m/s^2）で表されます。

加速度は次の式で求めることができます。

$$加速度 = \frac{t秒後の速度 - 初速度}{時間（t）}$$

> 万引き犯が警備員を振り切ろうとしている場面を想像しよう。万引き犯は出口へ走り出して、速度を5秒間で0m/sから4m/sに（方向を変えずに）上げるとする。
>
> $$加速度 = \frac{4-0m/s}{5s} = \frac{4}{5} = 0.8m/s^2$$
>
> だから万引き犯の加速度は出口の方向に0.8m/s²になる。

秒速(m/s)と時速(km/h)

高速道路を走る自動車は1秒で楽に33mほど進める。けれども自動車は長時間高速で走ることができるので、ふつうは1時間（h）で何km走れる、といういい方をする。

メートルをキロメートルに換えるには1,000で割る。

33m＝0.033km

秒を分に換えるには60を掛け、分を時間に換えるにはさらに60を掛ける。0.033×60×60＝118.8

秒速33m（33m/s）は時速118.8km（118.8km/h）と同じ。

減速度の求め方

減速度は、次の式で求めることができる。

$$減速度 = \frac{初速度 - t秒後の速度}{時間（t）}$$

警備員が万引き犯を捕まえたとき、万引き犯は10秒間で4m/sから0m/sに減速した。万引き犯の減速度はいくらか？

$$減速度 = \frac{4-0}{10} = \frac{4}{10}$$
$$= 0.4m/s^2$$

質量と運動量

数日後にもう一度スーパーマーケットに行ったとしましょう。あなたはカートにゾウを乗せ、友だちはカートにネズミを乗せています。2人とも同じ速さで魚売り場に向かって急いでいるところです。さて、どうなるでしょうか？

友だちは魚売り場でカートをきちんと止めることができるでしょう。けれども、あなたはカートを操作するのも止めるのも、とても難しくて、カートを魚売り場にぶつけたあげく魚やらエビやらをぶちまけてしまうでしょう。

では、その理由は？　一言でいうと、カートに乗せたゾウの質量がとても大きいからです。質量が大きなものが高速で移動しているときには、運動量とよばれるものも大きくなります。

運動量ってなに？

運動量（p） とは、ものがどれほどの力で一定の方向に動いているかということです。ゾウみたいに質量が大きいものの場合は、移動を始めるのが難しいです。これは、質量が大きいせいで、下方向にかなり押し下げられているからです。

ところがいったん動き出すと、質量と動いている速度のせいで、最初に動き出したときよりも、減速させたり、コントロールしたりしにくくなります。

ものの質量が大きくなればなるほど、そして速度が大きくなればなるほど運動量は大きくなります。もちろん物理学者は、ものの運動量を正確に求められます。

道路に速度制限がある理由

自動車が高速で走っているときは運動量が大きいので、よく効くブレーキを備えた自動車でも、楽に減速して停止することはできない。

制限速度を超えて走っている自動車は停止するまでに時間がかかる。もし衝突したら、制限速度で走っている自動車よりもはるかに大きな被害を受ける。

ゾウとネズミの運動量を同じにするには？

ネズミはゾウよりもはるかに質量が小さいので、両者の運動量を同じにするにはゾウをできるだけゆっくり歩かせ、ネズミを宇宙で一番速い光なみの速さで走らせなければならない。

力を感じる

質量（m）の単位はキログラム（kg）、速度（v）の単位はメートル毎秒（m/s）なので、運動量はキログラムメートル毎秒（kg・m/s）という単位で表されます。

$$運動量（p）＝質量（m）×速度（v）$$

どこで力が加わるの？

まずカート（とゾウ）を移動させるのに力が必要になります。そして止めるにも力が必要です。カートを進ませる力はだれにでもあるかもしれませんが、衝突を避けるのは困難です。それは、ゾウを乗せたカートの運動量はものすごく大きいので、それを止めるには重量挙げ選手くらいの力が必要になるからです。

力（F）の単位はニュートン（N）です。1Nは、質量1kgのものにはたらいて、1m/s^{2}の加速度を生じさせる力の大きさです。つまり、1N＝1kg・m/s^2（キログラムメートル毎秒毎秒）です。力は次の式で求めることができます。

$$力（F）＝質量（m）×加速度（a）$$

カートに乗せられた質量6,000kgのゾウが加速度0.2m/s^{2}で魚売り場へ向かったとすると、カートを止めるにはどれだけの力が必要か？

$$力＝質量×加速度$$
$$＝6,000kg×0.2m/s^2＝1200N$$

だから衝突を避けるには、重量挙げの選手は1200Nに相当する力でカートを止めなければならない。

運動量のマジックトライアングル

運動量、質量、速度もマジックトライアングルで求めることができる。

力の大きさの測定

力の大きさはニュートンばねばかりで測定できる。

ニュートンばねばかりの内部にはばねが入っていて、力が加わると、ばねが伸びる。側面の目盛りで、力の大きさ（単位はニュートン）を読み取る。

力のマジックトライアングル

力、質量、加速度もマジックトライアングルで求めることができる。

さまざまな力

ショッピングカートを進ませるときに使う力は押す力です。

食器棚のとびらを開けたいときは引く力を使います。

おもな力を紹介しましょう……

押す力と引く力

たいていの力は押す力か引く力の一種。

弾性力

ものを引き伸ばしたとき、ゴムひものようにもとに戻ろうとする力。

圧縮力

ものを押しつぶすときに使われる力。

ねじれ力

ドアの取っ手を回したり、ビンのふたをねじったりするときに使われる力。

静電気力（クーロン力）

帯電した物質が引き合ったり、反発し合ったりすることによって生じる力。髪の毛を風船にこすりつけたときに、髪の毛を逆立てるのが静電気力。

磁力

磁石どうしが引き合ったり反発し合ったりする力。

張力

綱引きの綱のように、ものをピンと引っ張ったときに引っ張られたものが出す力。

力を感じる

摩擦力

さて、またまたスーパーマーケットに戻ってきたとしましょう。カートを強く押して手を離し、通路を進ませます。そのうちにカートは自然に減速して止まります。これは摩擦が生じるためです。

摩擦力は、カートの車輪と床のように2つのものがこすれ合ったときに生じる力で、運動を妨げて減速させます。

カートを店外にもち出して芝生の上を進もうとすると、もっと強い力で押す必要があります。芝生は床のようになめらかではないので車輪が引っかかり、摩擦力が増してカートが減速するのです。

摩擦はじゃまになることもありますが、摩擦に助けられていることもあります。

摩擦を打ち消す液体

2つのものどうしの摩擦は、薄い液体の層（潤滑剤）で両者を離せば減らすことができる。

自動車の修理工場に行くことがあったら見てほしい。エンジンを修理し終えた整備士の手はたいていグリースまみれになっている。グリースには、エンジンの部品がなめらかに動くのを助けるはたらきがある。

摩擦がなければ靴ひももろくに結べない。摩擦がないとつるつるして、結んでもすぐにほどけてしまう。

おっとっと！

ブレーキは摩擦がなければ効かない。摩擦がないと事故が大幅に増えてしまうだろう。

キーキーときしむドアや車輪にうんざりしたことはないかな？　嫌な音の原因は動く部分どうしの摩擦だ。

摩擦がなければあちこちで滑ってしまい、立ち上がることさえできない。けれども……

……転んでも、ひざをすりむくことはない。

これが運動の3法則だ！

300年以上前、アイザック・ニュートンは力を研究し、ものがどのように動くのかを説明する一連の法則を考えつきました。この法則は**ニュートンの運動の3法則**とよばれ、グラウンドで蹴られたサッカーボールや、最新のスポーツカーの運動にも当てはまります。

慣性：運動の第1法則

ニュートンの最初の観察結果は、「動いていないものは、力が加えられない限り動かない」ということでした。地面に置かれたサッカーボールは自分でゴールを決めたりしません。必ずだれかがそれを蹴る必要があります。

これはわかりきったことかもしれませんね。ところが運動の第1法則では、「いったんものが動き出すと、別の力で止めない限りは止まらない」とも述べられています。

つまりサッカーボールは、ゴールネットに当たったり、ゴールキーパーがキャッチしたり、地球の重力に引っ張られて落ちて止まらない限り、動き続けます。

いい方を変えれば、ものは速度を変えまいと抵抗するので、自分からは速さも方向も変えたりはしないということです。このような性質を**慣性**といいます。

すばらしき物理学者：アイザック・ニュートン（1642〜1727年）

アイザック・ニュートンは、歴史上最も重要な科学者の1人だ。重力を説明し、まったく新しいタイプの数学（微積分）をつくり、運動の法則を考えついた。力の単位は、彼にちなんでニュートンと名づけられた。

ニュートンが力の研究をするまで、多くの人は相変わらず古代ギリシャの哲学者アリストテレスが考えた運動の理論を信じていた。

アリストテレスは、材質の異なる物質はそれぞれ異なる方法で動くと考えた。石が大地に落ちるのは、石が大地でできているから、煙が空にのぼるのは、煙の大部分が空気でできているからというものだ。

生卵の慣性

液体にも慣性がある。生卵を皿の上で回転させてみよう。指で回転を止め、すぐに指を放す。するとまた回転し始めるはずだ。これは、殻の中のどろっとした部分が動きを止めないからだ。

力の定義：運動の第2法則

ニュートンの運動の第2の法則は、力とはなにかを定義するもので、「ものの速度を変化させるのに必要な力は、その質量に依存する」と述べられています。これは、力（F）＝質量（m）×加速度（a）という式で表されます。

ネズミを乗せたカートはちょっと押せば床を進んでいくでしょう。強く押すともっと速く進んでいきます。つまり、押す力が大きいほど、より速く加速するのです。

一方、ゾウを乗せたカートを同じ速さで動かすためには、はるかに強く押さなければなりません。つまり、ものの質量が大きいほど、同じ速さで加速させるのに必要な力も大きくなるのです。

力が大きいほど加速度も大きくなる。質量が大きいほど加速させるのに必要な力も大きくなる。

作用・反作用：運動の第3法則

ニュートンの運動の第3法則は、「ある方向にはたらく力があるときはいつも同じ大きさの別の力が反対方向にはたらく」というものです。

第1法則と第2法則はわかりきったことですが、第3法則は意外に思えるかもしれません。要するにカートを押すときには、カートに押し返されてもいるということなのです。このとき、カートを押す力を**作用**、カートに押し返される力を**反作用**といいます。

たとえば、図のようにボートから降りようとしているとしましょう。足の力（作用）がボートを水の中に押し込み、ボートが人から遠ざかります。一方で、ボートから押し返してくる力（反作用）があるおかげで、この人は陸地に降り立つことができます。

計算なんて怖くない

質量が700kgのゾウを5m/s²で加速させるのに必要な力は、次の式で求められる。

$F = m \times a$ $F = 700 \times 5$
$F = 3500N$

では0.05kgのネズミを同じ速さで加速させるには、どれくらいの力が必要かな？答えはこのページの一番下にあるよ。

どんな作用にも大きさが同じで向きが反対の反作用が生じるんだよ。

答え：$F = 0.05 \times 5$ $F = 0.25N$

仕事

物理学では、力を使ってものを動かすことを**仕事**といいます。力が大きければ大きいほど、あるいは動かす距離が長ければ長いほど仕事は大きくなります。

だから物理の教科書の問題を解くときよりも、チョコレートバーを手に取って食べるときの方が、じつはより大きな仕事をしていることになるのです。

物理学者は仕事とはなにかを定義しただけでなく、仕事の大きさを計算する方法も考えました。仕事は次の式で求められるので、その単位はニュートンメートル（N·m）です。1Nで1m動かしたときの仕事を1ジュール（J）としています。つまり、1N·m＝1Jです。

$$仕事(W) = 力(F) \times 距離(d)$$

仕事のマジックトライアングル

仕事、力、距離を計算するマジックトライアングル。

計算なんて怖くない

ペンを40cm（0.4m）持ち上げて頭をかくのに0.5Nの力を使うとすると、このときの仕事の大きさは？

答えは一番下。

> またまた場面はスーパーマーケット。あなたはあの大きなゾウにうんざりしている。ゾウを動物園に戻したいのにゾウは帰ろうとしない。だから、あなたはゾウをはるばる動物園まで手で押して行かなければならない。
> ゾウを手で押すには400Nの力が必要で、動物園までは100m離れている。このときにしなければならない仕事の大きさは？
>
> 仕事＝力×距離＝400N×100m＝40,000J
>
> 40,000Jもの力を出すのは世界一の重量挙げ選手にも無理だ。けれどもここであきらめるのはまだ早い。物理学が救いの手をさしのべてくれる。続きを読んでほしい……

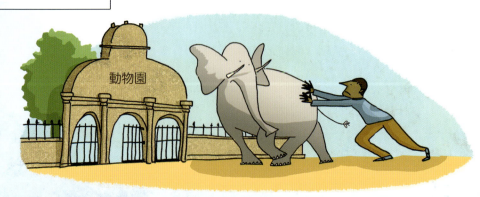

答え：$W = F \times d$、$W = 0.5 \times 0.4$、$W = 0.2J$

力を感じる

物理学は力を楽にする

ゾウを動物園まで手で押していくのは大変なので、再びゾウをカートに乗せていくことにしました。カートは機械の一種なので、ゾウを直接押すよりも楽なはず。

物理学では、機械というのは力を楽にするもののことです。ほとんどの人は、その存在に気づくことなく、毎日たくさんの機械を使っています。ただし、力でトクした分、距離ではソンをします。

単純な機械の例を紹介しましょう。そしてちょっとまわりを見てください。あちらにもこちらにも機械のあることがわかるでしょう。

てこ

てこには、ほかの部分が動いている間も静止している**支点**という固定点がある。支点は、短い距離にかかる強い力を、支点の反対側の長い距離にかかる弱い力に変える。
ベンチ、栓抜きはてこを利用している。

斜面

斜めに傾いた面を斜面という。ものを上方に移動させる場合、まっすぐ持ち上げるよりも斜面を使った方がはるかに楽だ。がけをよじ登るよりもくねくねした坂道を歩く方が楽なのと同じこと。

車輪

車輪はとりわけ単純な機械だ。車輪を使えば、地面を引きずるよりも楽にものを運べる。車輪は回転することで、摩擦の影響を減らす。

滑車

車輪にロープをかけたものが滑車だ。滑車は、短い距離にかかる強い力を、長い距離にかかる弱い力に変える。てこにちょっと似ているが、てことは違って滑車は力の方向を変えることができる。滑車を組み合わせると、ロープを下向きに引っ張っても、ものを引き上げることができる。

くさび

くさびは斜面の一種。くさびには、おのようにものを割るために使われるものや、ドアストッパーのようにものが動かないようにするものがある。

ネジ

ネジはカーブした斜面だ。ネジは、ものどうしをひっつけておくのに役立つ。

力を感じる

引力と重力

引力とは、ものとものが引き合う力です。ものを手からはなすと引力によって地面に落ちます。引力がなければ、そのまま空中に浮いているでしょう。

質量があるものはすべて引力ももっていますが、その力がわかるのは、太陽や地球など途方もない質量をもつものに限られます。太陽や地球などの引力は、あらゆるものを引きつけます。宇宙に引力はほとんど存在しません。宇宙船の中で宇宙飛行士が回転しながら、宙に浮かんだものを追いかけている映像を見たことはありませんか？ もし地球に引力がなければ、私たちは地面に向かって押し付けられることもなく、宇宙飛行士みたいに、いつもプカプカ浮かんでいるでしょう。地球がものを下向きに引っ張る力を**重力**といいます。重力には引力と、地球の自転による遠心力もわずかですが加わります。

ニュートンとリンゴ

アイザック・ニュートンは引力を発見したわけではないが、引力とはなにかを初めて説明した。こんな話がある。リンゴが木から落ちてニュートンの頭にぶつかった。そのとき、ニュートンは、ある力が地球に向かってリンゴを引っ張っていることを思いついたそうだ。

宇宙では背が伸びる

宇宙には、地球で背骨の椎間板を押さえつけていた重力がほとんどないので、宇宙飛行士の背が伸びる。けれども地球に戻ると、もとの通りに縮む。

引力がある場合

引力がない場合

同様に、もし月が地球の引力に引きつけられていなかったら、月は地球のまわりを回ることもなく、宇宙を漂っているでしょう。月の引力も地球に影響を与えています。月の引力は地球の海を引きつけ、潮の満ち引きを生み出しています。

重量とは？

地球の表面では、重力の影響ですべてのものは約10m/s²で下に向かって加速します。このことによって**重量**が生じます。つまり、重量とは、ものにはたらく重力の大きさなのです。物理学では、重量の単位にはニュートン（N）、質量の単位にはキログラム（kg）を使います。

地球上でのものにはたらく重力の大きさ（重量）は、質量に、地球の重力加速度（10m/s²）を掛けて求めます。

$$重力(W) = 質量(m) \times 重力加速度(g)$$

質量と重量

質量は、ものをつくっている物質そのものの量のこと。なにがあっても変わらない。

重量は、ものにはたらく重力の大きさで、もののある場所によって変化する。

あなたの質量が50kgならば、あなたの重量は？
重力＝質量×重力加速度
　　＝50kg×10m/s²＝500N

だから地球上でのあなたの重量は500Nになる。

別の惑星では重量はどうなるの？

地球で重量が500Nのものを火星と木星に持っていく。

火星（小さな惑星で重力が小さい）では89N。

木星（巨大な惑星で重力が大きい）では1,182N。

すぐに体重を減らしたい人は

高層ビルの屋上に上ったら、地上にいるときよりもちょっとだけ体重が軽くなります。といっても少しもやせたわけではありません。重力は、地球の中心から遠ざかるほど小さくなるので、質量は変わらなくても重量が小さくなります。

地球上で、体重が劇的に変化するほど高い場所に登るのはまず無理です。けれども月に行けば、重量は6分の1になります。

月は地球に比べてかなり小さいので、重力は地球の6分の1しかない。だからジャンプ力も6倍になる。ボールを蹴れば、ずっと遠くまで飛んでいく。

空気抵抗

ものが落ちる距離が長くなるほど、重力による加速度が大きくなります。たとえば、隣にいる人があなたの頭に硬貨を落としたとしても、どうってことはないでしょう。けれども超高層ビルの屋上から硬貨を落とされたら、あなたの頭に当たるころには弾丸なみの速さとなり、大けがを負うかもしれません。

とはいえ、落下しているものは加速し続けるわけではありません。硬貨は落ちながら空気とこすれ合って減速します。この空気の力は**空気抵抗**とよばれる、摩擦力の一種です。

時間がたつと空気抵抗は、硬貨の落ちる力（重力）と等しくなり、硬貨は加速をやめて一定の速度で落ちるようになります。このような抵抗を受けた場合の最終的な一定の速度は**終端速度**とよばれています。

飛行機からパラシュートなしで飛び降りたら、下に向かって加速して約59m/sの終端速度に達します。この終端速度はあまりに速く、地面にたたきつけられて命を落とすかもしれません。パラシュートを着けていれば、空気によって押し返される面積が広くなります。この空気抵抗のおかげで終端速度は約5.4m/sになり、ゆるやかに着地できます。

空気抵抗がないとどうなるの？

空気抵抗がなければ、大きさや質量にかかわらずすべてのものがまったく同じ加速度で落ちる。

1971年、宇宙飛行士が月面で金づちと羽根を落とす実験を行った。月には空気抵抗がないので、どちらも同じ速さで落ちて同時に地面に着いた。

ジェット機の形

パラシュートの例からもわかるように、空気抵抗はときにとても役に立つ。けれども空気抵抗による減速がじゃまになることもある。

高速で飛行するジェット機は、空気に押し返される面積ができるだけ狭くなるように、なめらかで先端がとがった流線形になっている。

力を感じる

向心力と遠心力

ものは力によって動き、力はいつも直線にはたらくのであれば、円運動ができるのはなぜでしょうか？ じつは円運動は**向心力**によって可能になります。向心力とは、回転するすべてのものを円の中心に引っ張る力です。

投げなわを回すカウボーイを想像してみましょう。手が投げなわに向心力を与え、投げなわを内側に引っ張ります。投げなわを回すと、力自体は直線にはたらいていても、その速度によって絶えず方向が変わり、投げなわは円を描きます。向心力がなければ、投げなわは円を描きません。だから投げなわを牛に向かって投げるとまっすぐに飛んでいくのです。

確かめてみよう：向心力

スカーフを投げなわのように回してみよう。手が向心力を生み出し、手の方向にスカーフを引っ張る。
スカーフから手を放すと一直線に進んで行き、しばらくすると重力によって下に落ちる。

投げなわを回して、 手を放す。

遊園地で高速回転する乗り物に乗ったとき、乗り物の中心から外側に向かって引っ張られている感じがしたことはありませんか。そのときに感じていた力は**慣性**によるもので、乗り物が及ぼす絶え間ない向心力に体が抵抗していたのです。

円を描くようにぐるぐる回っていると、慣性の影響をいつも感じることになります。というのも絶え間なく方向が変わっているからです。この慣性は、実際には力ではありませんが、**遠心力**とよばれます。

確かめてみよう：遠心力

友だちと手をつなぎ、円を描くように回ってみよう。髪の毛が後ろに流され、外側に引っ張られているような感じがするはず。

力を感じる

重心
じゅうしん

私たちは重力によっていつも下向きに引っ張られているので、まっすぐ立ったままでいるのはけっこう大変です。試しに片足でバランスを取って立ち、どれくらいの時間その姿勢を保っていられるか、確かめてみてください。このように、体のつり合いを保つには**重心**が関係します。

バレエの腕の動き
バレリーナは、かなりの時間片足で立っている。また、両腕でいくつもの美しいポーズをつくる。こうした腕の動きは見栄えをよくするためだけではなく、重心を変えることでつり合いを取るのにも役立っている。

重心ってなに？

地球上にあるものの中の粒子はすべて、その質量に応じた重力で引っ張られています。それらの粒子は1つ残らず引っ張られているわけですが、全体としては重心という想像上の1点が引っ張られていると見なすことができます。

重量をもつすべてのものには重心があります。重心がものの基底面（床と接している面）上にあれば、ものは安定します。ところが重心が基底面からずれてしまうことがあります。

友人があなたを押すところを想像してみましょう。あなたが2本の足でしっかり立っていたら、よろけたりしません。けれどもキャンプ用具がいっぱい詰まったリュックを背負っていたらどうでしょう？　重心はあなたの後方にあるので、たぶん転ぶでしょう。

はしごを持ち上げるコツ

はしごを持ち上げるとき、端っこをつかむと重心からかなり離れているので苦労する。

しかし、はしごの真ん中をつかむようにすれば、ずっと楽に持ち上げられる。

力を感じる

倒れにくくする工夫

重心が低いものは倒れにくいです。というのも、重心を基底面からずらすには、大きく傾けなければならないからです。このような例をいくつか見てみましょう。

ピサの斜塔

ピサの斜塔はかなり傾いていることで有名だ。そのままではいつか倒れてしまうのではないかと心配されていたが、塔の基底面に質量を追加して塔全体の重心を低くする補修工事が行われた。
塔をまっすぐにしようって話もあったんだけど、そしたら、ごくふつうの塔になってしまうからね。

相撲では、低い姿勢で相手にぶつかるようにする。そうすると押し倒されにくくなるんだって。

レーシングカーは、急カーブを曲がるときにひっくり返らないように、車高が低くなっている。

サーファーは、サーフボードの上で低く身をかがめ、腕を大きく振ってつり合いをとる。

確かめてみよう：重心

空のペットボトルを押し倒してみよう。ちょっと押すだけで簡単に倒れるはずだ。

重心

次に、水を半分入れたペットボトルで試してみよう。さっきより倒しにくかったはず。水を入れたので、ペットボトルの下部が重くなり、重心が下がったからだ。

重心

今度は水を上までいっぱいに入れてみよう。再び倒しやすくなったはず。これは、重さがまんべんなく広がり、重心がまた高くなったからだ。

重心

力を感じる

圧力

力を受ける面積の大きさによって、力の影響が変わってくることもあります。たとえば、親指で木の板を押してみましょう。板にはわずかな跡もつかないでしょう。ところが同じ力で画びょうを押し込むと、画びょうは木に深く刺さるはずです。

これは、押す力が小さい面積（画びょうの先端）に集中したためです。つまり、木の板にかかる圧力が大きくなったのです。

圧力（P）とは、一定の面積にかかる力の大きさです。単位はニュートン毎平方メートル（N/m²）やパスカル（Pa）を使います。1 N/m² は 1 Pa です。圧力は次の式で求められます。

$$圧力(P) = \frac{力(F)}{面積(S)}$$

圧力を小さくする方法

深く積もった雪の上を歩くときは、靴底の広いスノーシュー（かんじき）を履く。こうすれば、面積が大きくなるので、柔らかい雪にも沈まない。

ラクダの足の裏も面積が大きいので、砂漠の砂に沈まない。

マジシャンが釘のベッドに横たわることができるのはどうして？

釘だらけのベッドの上に横たわって観客を驚かせるマジックがある。痛そうに見えるけれども、体重を分散できるだけの釘があれば、たいした傷にはならない。

でも、釘が1本しかなかったら、その釘から大きな圧力がかかるので背中に痛々しい穴が開いてしまう。

押す力が2N、親指の面積が2 cm²（0.0002 m²）のとき、木の板にかかる圧力は？

$$圧力 = \frac{力}{面積} = \frac{2N}{0.0002\,m^2} = 10,000\,N/m^2$$

10,000 N/m² は、10 N/cm² と同じ。だから、木の板にはそれほど大きな圧力はかかっていない。

次に、押す力が同じく2N、画びょうの先端の面積が0.005 cm²（0.0000005 m²）の場合、木の板にかかる圧力は？

$$圧力 = \frac{力}{面積} = \frac{2N}{0.0000005\,m^2} = 4,000,000\,N/m^2$$

木の板には400万 N/m²（4,000 N/cm²）、つまり親指のときの400倍の圧力がかかっていることになる。

力を感じる

血が出るのは圧力のせい

圧力をかけるのは固体だけではありません。容器に入れた液体もいつも容器の壁を内側から押して外に逃げようとしています。

血液も同じです。心臓から送り出された血液はいつも外側に向かって押していますが、動脈と静脈の血管によって内部にとどまっています。しかし、切り傷ができると、血液は傷口からまんまと逃げ出せる、つまり血が出るというわけです。

気体も圧力をかけます。大気中の空気は、大きな圧力で私たちを押しています。幸いなことに、人の体内では液体が同じだけの圧力で押し返しています。さもなければ空気の重量に押しつぶされて死んでしまうでしょう。

確かめてみよう：水圧

ハサミを使って、空のアルミ缶の側面の上部と下部に穴を1つずつ開ける。次に、穴を粘着テープでふさぎ、水をめいっぱい入れる。

流しのそばに缶を立てて、テープをはがす。

水は上の穴よりも下の穴からの方が勢いよく出るはず。これは、上の穴と比べると下の穴の上には水がたくさんあるため、水の重量によって生じる圧力（水圧）も大きくなるからだ。

水圧のはたらき

水中に潜ると耳が痛くなることがある。それは、水分子は空気に含まれる気体の分子よりもぎっしり詰まっているからだ。その結果、水は大きな圧力を耳にかける。

深く潜るほど、かかる水圧は大きくなる。がっちりした潜水服を着ないで深く潜るには限界がある。簡単なウェットスーツだとある地点を超えたらダイバーは押しつぶされてしまう。

水圧が急に変わると、体調がとても悪くなることがある。深くまで潜ってから浮かぶときは、ときどき止まって水圧の変化に体を慣らす必要がある。

深海魚の中には、深海での生活にすっかり適応したため、水圧が小さい浅い海では生きていけないものもいる。研究用に珍しい深海魚を海面まで運ぼうとしても、体内の圧力が強すぎて破裂してしまう。

密度とものの浮き沈み

同じ重さの石と木を水に入れると、石は沈みますが、木は浮きます。石と木にはたらく重力の大きさは同じなのに、どうして一方は沈み、もう一方は浮くのでしょうか？
その理由は**密度**にあります。密度とは、一定の体積あたりの質量のことです。石は水より密度が大きいから沈み、木は水より密度が小さいから浮くのです。
体積の単位は立方センチメートル（cm³）なので、密度はグラム毎立方センチメートル（g/cm³）という単位で表されます。密度は次の式で求められます。

$$密度(\rho) = \frac{質量(m)}{体積(V)}$$

体積の求め方

体積の単位は立方センチメートル（cm³）。たとえば、箱の体積を測定したいなら、長さと幅と高さを掛け合わせればよい。

密度のマジックトライアングル

密度、質量、体積のマジックトライアングル。

「密度」の記号「ρ」は見慣れない文字だね。これはギリシャ文字の「ρ」で「ロー」と読むんだよ。

ヘリウム入りの風船が飛んでいくわけ

本物のイルカとまったく同じ大きさと形をしたヘリウム入りの風船のひもを握っているとしましょう。手を放せば空に向かって飛んでいきますが、本物のイルカだと絶対にそうはなりません。その理由をそれぞれの密度を求めて考えてみましょう。ただし、密度の単位をg/cm³とすると、桁が大きくなって計算しにくいので、ここではkg/m³を使うことにします。

本物のイルカ：質量＝160kg、体積＝2m³

$$本物のイルカの密度 = \frac{m}{V} = \frac{160kg}{2m^3} = 80kg/m^3$$

風船のイルカ：質量＝0.1kg、体積＝2m³

$$風船のイルカの密度 = \frac{m}{V} = \frac{0.1kg}{2m^3} = 0.05kg/m^3$$

空気の密度は約1.2kg/m³。ヘリウム入りの風船は空気よりもはるかに密度が小さいので宙に浮く。本物のイルカは空気よりもずっと密度が大きいので宙に浮かない。

力を感じる

鋼の大型船が水に浮くのはなぜ？

水の密度は1.00g/cm³。鋼の密度（約8.00g/cm³）の方が大きいので鋼のかたまりは水に沈みます。けれども鋼の船（鋼鉄船）は固体のかたまりではありません。内部には密度の小さい空気（0.0012g/cm³）で満たされた空っぽの空間がいくつもあります。たくさんの空気のおかげで、船全体の密度は水の密度よりも小さくなり、水に浮くことができます。

海面に浮かぶ潜水艦。

潜水艦は密度を利用して潜ったり、浮かんだりします。潜るときは、潜水艦内の空のタンクを海水で満たします。すると密度が大きくなるので潜水艦は沈みます。浮かび上がるときは、ポンプでタンクに空気を戻し、潜水艦の密度を小さくします。

確かめてみよう：密度を変える

プールに泳ぎに行ったら、空気を胸いっぱいに吸い込み、息を止めて、水に浮かんでみよう。とても簡単に浮かべるはず。

その後、空気を吐き出してみよう。体が少し沈んで、浮かびにくくなると思う。これは、肺の中の空気が減って、体内の平均密度が大きくなったからだ。

すばらしき物理学者：アルキメデス
（紀元前287〜212年ごろ）

最初に、この体積の測定方法に気づいたのは、古代ギリシャの科学者アルキメデスだ。あるとき、水を入れすぎた浴槽に入ったところ、水があふれ出た。
これをヒントに新しい考えを思いついて興奮したアルキメデスは裸のまま通りに走り出て、「ユーレカ（わかったぞ）！」と叫んだそうだ。

体積の測定方法

今度、お風呂で浴槽に入るとき、水がどんなふうに上がるのか、観察してみましょう。

あなたが押しのける水の量は、あなたの体積と等しいです。浴槽にネズミが入っても水の位置はあまり変わりません。けれども、ゾウが入るとかなりの水があふれ、浴槽にはほとんど残らないでしょう。

入り組んだ形のものの体積を測定したいとき、この方法を利用すると便利です。なみなみと水面で満たされた容器にものを沈め、あふれた水を集めます。あふれた水の体積は、ものの体積と同じです。

パート3
あそこにもここにも エネルギー

エネルギーがなければなにも起こりません。宇宙にあるすべてのものと同じように、エネルギーもビッグバンで生み出されました。そして今、エネルギーはどこにでも、ありとあらゆるところにあります。

この本を読めるのは光エネルギーのおかげです。話しかけられたときに声が聞こえるのは音エネルギーのおかげです。遊びに行くときには運動エネルギーを使います。エネルギーにはどんな種類があるのでしょうか？　エネルギーはどんなふうに変わるのでしょうか？　エネルギーについてくわしく見ていきましょう。

エネルギーはスーパーヒーロー

エネルギーの種類

音エネルギー：耳に聞こえるエネルギー。

熱エネルギー：熱として感じるエネルギー。

化学エネルギー：食料、燃料、電池などに蓄えられているエネルギー。

運動エネルギー：運動しているものがもつエネルギー。

光エネルギー：見ることを可能にするエネルギー。

位置エネルギー：高い位置にあるものや、伸びたり縮んだりしたばねにつながれたものがもつエネルギー。

電気エネルギー：電子の運動に由来するエネルギー。このエネルギーを使って家庭に電気が供給される。

磁気エネルギー：磁石などがもつエネルギー。

原子力（核）エネルギー：原子核に蓄えられているエネルギー。

物理学では仕事をする能力、つまり力を及ぼしてものを動かす能力を**エネルギー**といいます。エネルギーは質量や体積をもったものではないので、物質のように触れられません。それなのにエネルギーには、ものに及ぼすさまざまなふるまいが見られます。だからエネルギーは究極のスーパーヒーローともいえるでしょう。

 エネルギーは万能だ。エネルギーがなければなにも動かない。

 エネルギーはどこにでもある。存在するものはなんらかのエネルギーをもっている。

 エネルギーはさまざまな形になることができる。魔法のように形を変える。

 エネルギーは永遠になくならないし、壊すことはできない。
新しいエネルギーを生み出すことはできない。宇宙のすべてのエネルギーは、ビッグバン以来、形を変えながらもずっと存在している。

 エネルギーは仕事をする。たとえば、道を走るときも、放出されたエネルギーが仕事をする。また、外から加えられたエネルギーも仕事をする。

あそこにもここにもエネルギー

私たちのエネルギーのもとをたどると

地球上のすべてのエネルギーのもとは太陽の熱エネルギーと光エネルギーです。それらのエネルギーを使い切ったとしても、なくなってしまうわけではなく、形が変わって存在しています。
エネルギーは、次のようにさまざまに移り変わっていきます。

1. 太陽から熱エネルギーと光エネルギーが伝わる。

2. 太陽の熱エネルギーと光エネルギーを使って、植物がすくすく育つ。

3. 植物は果実をつくり、化学エネルギーとして蓄えられる。

4. 果実を食べると化学エネルギーが体に運ばれて、保管される。

5. 出かけるとき、化学エネルギーが運動エネルギーと熱エネルギーに変わる。

エネルギーが減らないのなら、「省エネ」する必要はないのでは？

スーパーヒーローと同じく、エネルギーにも弱点があります。エネルギーの形が変わるとき、電気エネルギーから光エネルギーであろうと、化学エネルギーから運動エネルギーであろうと、その一部はいつも熱エネルギーに変わります。だから電球やコンピュータやテレビを使うと熱くなったり、スポーツをすると体がほてったりするのです。
熱エネルギーはほかのエネルギーと比べると、つかまえて再利用しづらく、大部分は大気中や宇宙に逃げてしまいます。このように、地球には太陽からのエネルギーが入りますが、逃げていくエネルギーもあります。

自動車が走るまでのエネルギーの移り変わり

自動車にガソリンを入れる。ガソリンには化学エネルギーを含まれている。

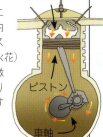

ここで爆発が起こる

自動車のエンジンの内部では、スパーク（火花）によって微量のガソリンが爆発する。

この爆発によってピストンが押される。その結果、車軸が回転してタイヤが回る。ガソリンの化学エネルギーの大部分は運動エネルギーに変わる。

ところで、ガソリンはどこからくるんだろう？
答えは次のページ。

地球温暖化

部屋を暖めたり、コンピュータを動かしたり、自動車を走らせたりするために使うエネルギーの大半は、石油・石炭・天然ガスなどの燃料から得ています。

これらの燃料は**化石燃料**とよばれます。それは、何百万年も前に死んで地中深くに押し込まれた生物の化石でできているからです。石炭は枯死した植物、石油や天然ガスは海の生物の死骸でできています。

化石燃料のどこが問題なの？

問題の1つは、化石燃料が地球からなくなりつつあることです。しかも新しい化石燃料がつくられるには、今から何百万年もかかります。そのうえ、もっとやっかいな問題があります。化石燃料を燃やすと環境に悪影響を与えることがわかってきたのです。

化石燃料を燃やすと硫黄酸化物、窒素酸化物、二酸化炭素（CO_2）などを出します。硫黄酸化物、窒素酸化物は空気や水を汚染し、生物に害を及ぼします。さらに二酸化炭素（CO_2）は**地球温暖化**（大気と海洋の温度上昇）を引き起こします。

地球温暖化のどこが問題なの？

地球温暖化って、単に今よりも夏らしい気候になるってことなんじゃないの？
いやいや、それだけではない。気温がわずかに上昇するだけでも、世界中で次のような問題が発生するといわれている。

- 海の温度を下げていた極地の氷がとけて海面が上昇し、場所によっては洪水が発生する。
- ハリケーンや干ばつなどの異常気象が起こり、大規模な被害をもたらす。
- 気候変動が起こる。一部の地域は、人を含む多くの動物が生きていけないくらい暑くなる可能性がある。

火力発電所は化石燃料の化学エネルギーを電気エネルギーに変える。けれども同時に環境を汚す。

あそこにもここにもエネルギー

ほかのエネルギーはどこから得ることができるの？

安全で効率のよいエネルギー源の開発が現在、進められているところです。そのようなエネルギー源ができるまでは、みんなでエネルギーの使用量を減らして地球温暖化を緩やかにし、今あるエネルギー源をより長持ちさせるのが一番よい対策です。

今のところ実際に利用されている代替エネルギーを見てみましょう。

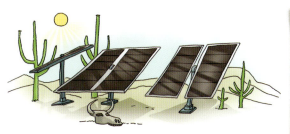

太陽光

しくみ：ソーラーパネルによって太陽の光エネルギーを電気エネルギーに変える。

利点：環境を汚さない。

欠点：ソーラーパネルの設置費用が高く、曇った日には発電量が下がる。

風力

しくみ：風によってブレードを回転させ、運動エネルギーを電気エネルギーに変える。

利点：有害な気体が発生せず、環境を汚さない。

欠点：風がないときははたらかない。

水力

しくみ：水の移動（波や滝など）によって運動エネルギーを電気エネルギーに変える。

利点：小さな水力発電所でも多くのエネルギーを生み出せる。

欠点：発電所を建設するには水をためるダムをつくらなければならない。ダムの建設によって、まわりの環境が壊される可能性がある。

原子力

しくみ：原子を核分裂させて、熱エネルギーを取り出す。

利点：CO_2をそれほど出さず、大量のエネルギーを生み出す。

欠点：危険な核廃棄物をつくる。核廃棄物が安全になるまでには何千年、何万年、何百万年もかかるので、それまではかなり慎重に保管する必要がある。

仕事率ってなに？

「部屋を片付けなさい」といわれたら、だらだらと時間をかけて2階に行くでしょう。けれども、「部屋にびっくりするようなプレゼントがあるよ」といわれたら、急いで2階に駆け上がるに違いありません。その場合は、短い時間で、同じ大きさの仕事（208ページを参照）をしたことになります。つまり仕事の効率がよかったということです。

一定の時間になされた仕事の大きさを**仕事率**といいます。仕事率は次の式で求められます。

$$仕事率(P) = \frac{仕事(W)}{時間(t)}$$

仕事の単位はジュール（J）なので、仕事率の単位はジュール毎秒（J/s）です。
またはワット（W）を使います。1J/s＝1Wです。

仕事率のマジックトライアングル

マジックトライアングルを使って、仕事率、仕事、時間を計算できる。

知りたい値をかくし、残りの2つの部分から求める。

白熱電球の明るさ

白熱電球の明るさの単位がワットだっていうのは知っていたかな？ ふつうは、ワット数が大きいほど白熱電球は明るくなる。

けれども明るさは電球の効率にも左右される。効率のよい20Wの電球は多くの電気エネルギーを光エネルギーに変える。熱エネルギーにはそれほど変わらないので、効率の悪い100Wの電球と同じくらい明るいこともある。

2階の部屋のドアを開けると、そこにはまたゾウがいたとしよう。
あなたは叫び声を上げながら、1,000Jのエネルギーを使って10秒で階段を下りる。
このときの仕事率は？

仕事率 ＝ 仕事／時間

＝ 1,000J／10s

＝100J/s または 100W

エネルギーと物質の状態

物質は3つの異なる状態（固体、液体、気体）で存在しています。どの状態であるかは、物質が得る熱エネルギーによって決まります。

熱を加えると固体は液体に変わり、液体は気体に変わります。だから温かい飲み物に入れた氷はとけ、沸騰しているヤカンからは水蒸気が立ちのぼります。熱を取り除く（冷たくする）と逆の現象が起こります。

熱エネルギーはどのようにして氷をとかすの？

思い出してください。すべての物質は原子か分子でできていましたね。氷のような固体であっても、分子は少しだけ振動しています。氷を温めると熱エネルギーによって分子の振動が大きくなり、互いの距離が離れていくので、固体の氷は液体の水になります。

水を温め続けると分子はもっと多くの熱エネルギーを得ます。その結果、分子はさらに速く、互いに離れて動くようになります。最終的には、分子が逃げ出して気体の水蒸気になります。水蒸気が冷たい窓にぶつかると、熱エネルギーの一部が窓に移動します。すると水蒸気は再び凝縮して水滴になります。

氷（固体）

氷では、水分子が規則的な形で並び、互いにくっついている。

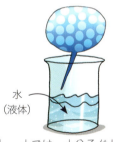

水（液体）

水では、水分子が少し広がり、自由に動くことができる。

水蒸気（気体）

水蒸気では、水分子が自由に飛び回り、ときにはぶつかることもある。

確かめてみよう：物質の状態を変える

空っぽのビンに豆粒を一握り入れる。物質の状態が変わるときに、どんなことが起こっているかをイメージしよう。ビンを置いたまま軽くたたく。豆粒は振動するが、互いにくっついている。これが固体の中で起こっていること。

ビンを静かにゆらす。エネルギーが増えるので、豆粒は流れるように動く。この動きは液体の中の分子の動きに似ている。

次はできるだけ激しくビンを振る。豆粒の一部がビンの外に飛び出す。これが液体が沸騰して、分子の一部が気体に変わるときに起こっていること。

温度と熱の違いは？

温度とはものの熱さの度合いを表すもので、摂氏（℃）、華氏（℉）、ケルビン（K）という3種類の単位のいずれかで測定されます。摂氏は日本の温度の単位に使われていますが、華氏は使われていません。華氏はおもにアメリカやヨーロッパの一部の国で使われています。ケルビンは**絶対零度**を原点とした温度の単位で、物理学や化学で用いられます（108ページを参照）。ものが熱エネルギーを得ると温度が上昇し、熱エネルギーを失うと温度が下がります。

熱とは、ジュール（J）で測定される熱エネルギーのことです。温かい風呂の水は、湯気の立つ紅茶よりも温度が低い。けれども、浴槽はマグカップよりもはるかに大きいので、風呂の水の方が紅茶よりも多くの熱エネルギーをもっています。

物質を温めるとどうなるの？

物質が温められ、でも状態を変えるほどの温度ではない場合、物質は**膨張**します。つまり体積が大きくなり、密度が小さくなります。反対に、物質が冷やされると、**収縮**します（体積が小さくなり、密度が大きくなります）。温めるときに一番よく膨張するのは気体で、次が液体です。固体はあまり膨張しません。

この性質を簡単に確かめる方法があります。金属のふたがかたくて開かないビンを用意しましょう。ふたの部分をお湯につけて、しばらくそのままにします。それからふたをひねると、すぐにふたが開くはずです。そのしくみは次の通りです。

熱エネルギーの発生

さまざまなエネルギーがいろいろな方法で熱エネルギーに変わる。

温水暖房機は電気エネルギーを熱エネルギーに変える。

摩擦は運動エネルギーを熱エネルギーに変える。試しに、両手をこすり合わせてみよう。手がポカポカしてくるはず。

太陽の内部では原子がぎゅうぎゅうにひしめき合う中で原子力エネルギーが放出され、熱エネルギーに変わる。

水の不思議

水を4℃まで冷やすと収縮する。ところがほとんどの物質とは違って、もっと冷たくしてもそれ以上は収縮しない。
そして0℃で氷になると、再び膨張する。氷では、分子が広がり、密度が小さくなるので、氷は水に浮く。

ビンのふたがゆるむしくみ

ビンのふたがゆるんだのは、お湯から金属のふたに熱エネルギーが移動した結果、ふたが熱によって膨張（熱膨張）して、ビンとの間にすき間ができたからです。

温度計や体温計も熱膨張のしくみを利用しています。温度計の中に入っている液体は温度が変わるにつれて膨張したり収縮したりします。温度計を温かいものにつけると、中の液体も温められて膨張します。

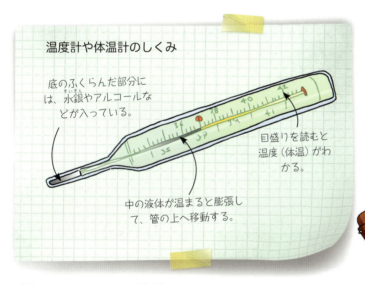

温度計や体温計のしくみ

底のふくらんだ部分には、水銀やアルコールなどが入っている。

目盛りを読むと温度（体温）がわかる。

中の液体が温まると膨張して、管の上へ移動する。

熱エネルギーの移動

熱エネルギーは旅行が大好きです。熱いところから冷たいところへ絶えず移動しています。アイスクリームをなめるととけるのはそのためです。舌からアイスクリームに熱エネルギーが移動するので、舌は冷たくなり、アイスクリームは温かくなります。

熱エネルギーは、おもに**伝導**、**対流**、**放射**という3つの方法で移動します。くわしくは次のページで見てみましょう。

すばらしき物理学者：温度目盛りをつくった人物

1724年、ガブリエル・ファーレンハイトは、「冷却効果のある」混合物を基準にした温度目盛りをつくった。決まった量の氷と水と塩化アンモニウムを混ぜ合わせるといつも同じ温度になることを見つけ、この温度を0°Fとした。

1742年、アンダース・セルシウスは、水の凝固点（0℃）と沸点（100℃）に基づいて、別の温度目盛りをつくった。

1848年、ウィリアム・トムソン（ケルビン卿）は、熱エネルギーがまったくない状態の温度（絶対零度）に基づく新しい温度目盛りを提案した。今日、物理学者が使うのはこの目盛り。

厳密には、絶対零度になることはあり得ないが、トムソンは絶対零度は－273℃だと推測した。

温かい紅茶に入れたスプーンが温かくなるのはなぜ？

温かい紅茶の入ったカップに冷たいスプーンを入れておくと、スプーンは温かくなります。それは、熱が伝わったからです。熱がものの中を通過したり、あるいは接触している複数のものの間を移動したりする現象を**伝導**といいます。
まず紅茶の中の温かい分子がスプーン表面の冷たい分子に熱を伝えます。スプーンの内部では、温かくなった分子がそれまでよりも大きく振動するので、その部分が温かくなります。この部分の分子から接触している分子へ振動（および熱）が次々と渡され、最終的にスプーン全体が温かくなるというわけです。

温水暖房機はどんなふうに部屋を暖めるの？

温水暖房機の中の温水が伝導によって放熱器を温めます。放熱器は**放射**によってまわりの空気を暖めます。放熱器近くの暖かい空気は**対流**によって部屋全体に広がります。
対流とは、液体や気体の中で熱が伝わる現象の1つです。暖かい空気中の分子は互いに離れて動くので、空気の密度が小さくなります。密度が小さい暖かい空気は上昇し、まわりの冷たい空気は下降します。この冷たい空気が暖まると、これもまた上昇し、さらに冷たい空気が空いた場所に入ってきます。その結果、対流という空気の流れが生み出されるわけです。

伝導による調理

伝導は調理で活躍する。水をいっぱいに入れた金属製の鍋をガスコンロの上に置く。火をつけると鍋に熱が伝わり、さらに鍋から水に伝わる。すると水が沸騰して食材に火が通る。

地球規模での対流

風は大規模な対流の例だ。暑い地域ではまわりの空気が暖められる。暖かい空気は上昇し、冷たい空気と入れ替わる。この空気の動きを私たちは風として感じている。

対流は海でも起こる。温かい水は上昇して冷たい海域に移動し、冷たい水は海底を通って温かい海域に移動する。こうして海流がつくり出される。

暖かい空気が上昇する

代わりに冷たい空気が入る

太陽はどんなふうに熱を放つの？

あらゆる粒子は放射によって少しずつ熱を出していますが、たいした量ではないので気づかないことが多いでしょう。温度の高いたき火や、超高温の太陽などになると大量の熱を放射します。

ものから放射された熱は波となって移動します。この波は空っぽの空間も通り抜けられます。波の形で運ばれた熱エネルギーはものにぶつかると吸収され、ものを温めます。

熱の吸収

熱が与える影響の大きさはものによって違います。暗い色やくすんだものは、明るい色や光沢のあるものよりも熱をたくさん吸収します。テニスウェアが白いのは、暑くなりにくいからです。太陽の光を利用するソーラーパネルは、できるだけ多くの光を吸収できるように黒い色をしています。

セーターを着ると暖かいのはどうして？

空気、木、ウール、プラスチックなどは、熱をあまり伝えません。これらには熱エネルギーを逃さないで、閉じ込めるはたらきがあります。

ウールのセーターや合成繊維のフリースは寒い日でも体を暖かく保ってくれます。これは、内側に閉じ込めた空気が断熱してくれているからです。

蒸発

液体が気体に変わる**蒸発**でも熱は伝えられる。蒸発中の分子は熱エネルギーをたくさんもっている。それは、液体が気体に変わるとき、まわりから熱エネルギーを奪うからだ。だから残された液体は熱エネルギーを取られて冷たくなる。

私たちの体も蒸発を利用して体温を下げている。体が熱くなると、汗をかくのは、汗が蒸発するときに体から熱エネルギーを奪うからだ。

確かめてみよう：熱吸収

2本のアルミ缶を用意し、それぞれ白と黒に塗る。

乾いたら日の当たる場所に置いて、30分ほどそのままにしておく。

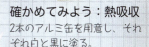

缶に触ってみよう。温かいのはどっちかな？ 濃い色のものの方がたくさんの熱を吸収するので、黒い缶の方が温かく感じるはず。

波ってなに？

どんな波もあちこちにエネルギーを伝えます。たとえば、池に小石を投げると、運動エネルギーの波が輪を描いて外側へ広がっていく様子が見られます。

太陽はなにもない空っぽの宇宙空間にエネルギーの波を放射します。ところが音や運動などのエネルギーの多くには、波が進むための物質（媒質）が必要です。それは、波は媒質を上下または左右に動かすことでエネルギーを伝えるからです。この動きを振動といいます。ですが、移動するのは波であって、媒質ではありません。媒質は振動を終えるともとの位置に戻ります。

波と媒質の関係は、スタジアムでよく見かけるウェーブに似ています。あなたはスタジアムにいるとしましょう。向こう側に座っている観客が立ち上がり、両手をあげてから座ります。するとその左どなりの人も同じ動作をします。これがどんどん進んできて、あなたの番となり、あなたは立ち上がって、両手をあげてから座ります。さらにこの動作はどんどん先に進んでいきます。けれども、すべての観客はもとの場所から一歩も動いていません。

> **確かめてみよう：波の動き方**
> 浴槽（あるいは大きな容器）に水を半分入れ、ゴムのアヒルなどの小さなものを浮かべる。
> 浴槽の端に沿って手で水を押し、小さな波を立てる。波は浴槽の端に沿って移動する。アヒルは上下には動くけれども、浴槽に沿っては進まないはず。

嵐の最中は、巨大な運動エネルギーをもつ波が海を揺らして振動させる。

波は2種類ある

電磁波や海の波は**横波**という種類の波です。横波は下の図のように上下に揺れます。

音の振動（音波）は**縦波**という種類の波です。縦波は下の図のように、通り抜ける媒質を前後に押しつぶしたり、広げたりします。

波の速さ

横波の形は下の図のように表されます。

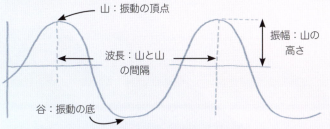

波長（λ） は山と山の間隔を、**振幅**は山の高さを示す。単位はどちらもメートル（m）。
振動数（f） は、1秒間にある1点を通過する波の数を示す。単位はヘルツ（Hz）。
波の速さ（v） は、波がどのくらい速く動くかを示す。単位はメートル毎秒（m/s）。波の速さは次の式で求められる。

$$波の速さ(v) = 振動数(f) \times 波長(\lambda)$$

たとえば、空気中の音波の速さは約340m/sです。

確かめてみよう：波をつくる

おもちゃのばねを使えば、横波も縦波もつくることができる。

横波をつくってみよう。左手にばねの一方の端を、右手にもう一方の端をもって、両手を上下に動かす。ばねは横波をつくる。

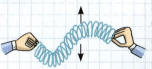

縦波をつくってみよう。ばねの一方の端をもう一方の端に向けて押し込み、それから引き戻す。波が端から端に移動する。

ばねの1か所にテープで目印をつけて波を起こすとどうなるだろう。目印の部分は波といっしょに移動しない。振動してもとの位置に戻るはず。

波の速さのマジックトライアングル

波の速さ、振動数、波長もマジックトライアングルで求めることができる。

あそこにもここにもエネルギー

電磁波
でんじは

電磁波とは電気的・磁気的な振動が伝わるときの波です。電磁波には、さまざまな波長のものがあり、帯のように連続しています。その帯の端から端までをスペクトルといいます。電磁波のスペクトルに含まれる波にはそれぞれ固有の波長と振動数（周波数）があり、性質も違います。

宇宙で一番速いもの

現在わかっているところでは、電磁波より速いものは存在しない。電磁波はすべて真空中の光の速さ（光速）と同じ約300,000,000m/s（30万km/s）で進む。これは、1秒間に地球を約7周半できる速さだ。

地球と太陽の距離は1億5000万kmで、太陽の光が地球に届くまでに約8分かかる。だから、もし太陽が突然消えてしまっても、気づくまでに8分かかる。

X線

X線は1895年にドイツの物理学者レントゲンによって発見された。しかし、発見当初は、性質がよくわからなかったので「X」（「よくわからない」を意味する）と名づけた。X線は体の筋肉や脂肪は通り抜けるが、骨や金属のような密度の大きいものには吸収される。現在ではその性質を利用して、腕が折れていないかどうか、変なものを飲み込んでいないかどうかを調べる。

波長が短く、振動数が多い

ガンマ線

ガンマ線は鉛を含むほぼすべてのものを通り抜ける。ガンマ線が人の体内を通り抜けると細胞が傷つき、場合によっては死に至ることもある。ガンマ線は原子核からエネルギーを放出する物質（放射性物質）から出る。

タイムトラベルの物理学

今は、光速で旅することはできないが、いつの日か、ほぼ光速で進むことができるようになる日がくるかもしれない。物理学者の予測では、光速というとんでもない速さに近づくと、時間の流れは遅くなるらしい。
光速に近い速さで宇宙を5年間旅したとしよう。旅を終えて地球に戻ると、知り合いはみな5歳年上になっている。自分も5歳年をとっているはずなのだけれど、旅の間は時間があまりにもゆっくりと流れていたので、姿や雰囲気は旅立った日と変わらないらしい。

このマークは放射性物質を意味する。

紫外線
しがいせん

紫外線は太陽からやってくる。日焼けをするのは紫外線が原因だ。紫外線を浴びすぎると肌を傷つけるおそれがある。

あそこにもここにもエネルギー

長い波長と短い波長
- 一番長い波長は、宇宙と同じくらい長い。
- 一番短い波長は、原子の中の一番小さな粒子くらい短い。

可視光線
人の目に見える光のこと。実際には波長の違う、さまざまな色の光でできている。

マイクロ波
マイクロ波は電子レンジに利用され、食べ物を素早く温める。遠くにあるものを見つけるレーダーにも使われる。レーダー送信機から放たれたマイクロ波は、ものに当たると跳ね返ってくる。波が戻ってくるまでにかかった時間から距離を求めることができる。

すばらしき物理学者： アルバート・アインシュタイン （1879〜1955年）
アルバート・アインシュタインは、光速で起こる奇妙な出来事を解き明かした最初の人物だ。実際に自分がそんなに速く進むことはできないので、代わりに頭の中で「思考実験」をした。アインシュタインは数学が大好きで、大学を卒業するときには先生になろうと思っていた。けれども職を見つけることができなかったので、特許事務所の事務員になり、空き時間に物理学を学んだ。

波長が長く、振動数が少ない

赤外線
赤外線は高温のものから出される熱の一種。暗闇にだれかがかくれていても、赤外線検出器を使えばすぐに見つけだせる。なぜなら人の体温はまわりの温度よりも高く、体からたくさんの赤外線が出ているからだ。

電波
ラジオ放送、携帯電話、無線通信など、電波を使っていろいろな種類の情報が送信されている。

エネルギーと質量
アインシュタインが1905年に発表した4つの理論は、それまで科学者が信じていた光と空間と時間に対する考えを変えてしまった。その理論の1つに、「$E=mc^2$」という関係式がある。この式は「物体のエネルギー（E）は、その質量（m）に光速の2乗（c^2）を掛けたものに等しい」ことを意味する。つまりわずかな質量しかもたない原子のようなものでさえ、たくさんのエネルギーを含んでいるということだ。この理論をもとに、科学者は原子爆弾を発明した。

赤外線カメラで撮った犬の写真

光の世界

この本を読んでいるあなたのまわりには、日光や電灯など、なんらかの発光体があるはずです。

光がなければ、なにも見ることができません。ものが見えるのは、発光体から出た光が、さまざまなものに当たって跳ね返り、目に入るからです。

曲がり角の先が見えないのはなぜ？

鏡を使えば曲がり角の先を見ることもできなくはないですが、ふつうは見えませんよね。これは、光は一直線に進むからです。暗い部屋で壁に懐中電灯を向けると、よくわかります。光はなにかにぶつからない限りは、勝手に曲がり角で方向を変えて曲がったりはしません。

影はどうしてできるの？

向こう側が見えない不透明なものは、光が通り抜けないので影をつくります。光を通さずに、吸収したり反射したりするので、その後ろに黒い部分ができるというわけです。影の大きさと形は、光の入る向きによって決まります。

光を出すもの

超高温（約600℃以上）になると、ほとんどのものは光を出す。
だから太陽や火や電球は光を放つ。このように自ら光を出すものを発光体（光源）という。

透明の科学

レンガの塀の向こう側にいる人を見ることができないのは、レンガが**不透明**だから。つまり光が通り抜けないからだ。
ガラスの窓の向こう側が透けて見えるのは、ガラスが**透明**だから。つまり光が通り抜けるからだ。

曇りガラスのように半透明のものは少しだけ透けて見える。光の一部は通り抜けるもののまっすぐ進まないため、向こう側にあるものがはっきり見えない。

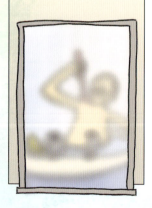

太陽が真上にあるときは、小さな影しかできない。

太陽が低くなると影は細長くなる。

あそこにもここにもエネルギー

虹はどうしてできるの？

太陽の光にはいくつもの色が含まれています。空に広がる虹は、空気中の水滴によって分けられた、さまざまな色を見ているのです。

太陽の光に含まれる色はそれぞれわずかに違う波長をもっているため、少しずつ違うふるまいをします。雨のしずくみたいな透明なものに当たると、色ごとに違う速さで通り抜けます。その結果、色が分かれて見えることになります。

太陽の光のスペクトル

アイザック・ニュートンは、太陽の白色光（色のついていない光）がさまざまな色でできていることを初めて明らかにした。ある晴れた日、ニュートンは部屋の窓をすべて覆い隠した。そして太陽の光を通すために小さな穴を1つ開け、穴の前にプリズムを置いた。プリズムによって曲げられた光は、壁にさまざまな色の帯のような模様（スペクトル）をつくり出した。

右の写真は、ガラスでできた三角形の角柱（プリズム）に当たった光がさまざまな色に分かれて進む様子。
分かれた色は7色で、必ず波長の順に並ぶ。プリズムに入った赤い光（一番波長が長い）はあまり曲がらない。次いで橙、黄、緑、青、藍、紫の順に並ぶ。

光はプリズムに当たると、さまざまな色の光線に分かれる。

その色に見えるのはなぜ？

ものは熱を吸収しますが、同じように光や色も吸収します。
光沢のあるものは光をほとんど跳ね返すので、まばゆく輝いて見えます。白いものはまぶしく感じることが多いですが、その理由は光を吸収しないで跳ね返すからです。黒いものはすべての色を吸収します。光が跳ね返らないため、黒く見えます。
白と黒以外のものは、見えている色以外のすべての色を吸収しています。たとえば、草は、緑色の光を跳ね返し、それ以外の色を吸収します。草が緑色に見えるのはそのためです。
色覚異常の人の目は特定の波長を捕らえることができないため、その波長の色を見ることができません。

光の3原色

虹の中には7色の光があるが、そのうちの3色だけで残りの色をすべてつくり出すことができる。

この3色とは、赤、青、緑で、**光の3原色**としても知られている。

赤、青、緑の光線を同じ場所に当てると白い光になる。

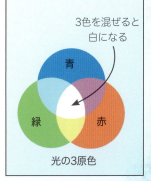

光の3原色

光の反射

どのようなものの表面でも光を反射します。そうでなければ、ものを見ることができないはずです。けれども、ものの表面によって光を反射する度合いはさまざまです。なめらかで光沢のある明るい色のものは、でこぼこしてくすんだ暗い色のものよりも、たくさんの光を反射します。だから平らで光沢のある鏡には顔が映りますが、でこぼこして暗い色の壁には映りません。

反射の法則

壁に向かってまっすぐボールを投げると、まっすぐ戻ってきます。次に、正面ではなく少し角度をつけて斜めから壁に投げると、反対側に同じ角度で跳ね返るはずです。これは**反射の法則**とよばれるもので、光についても成り立ちます。

鏡に映る姿
鏡に映るものはすべて左右があべこべ。だから鏡の中の本や新聞の文字もいつも反対に見える。

少しずつ鏡から離れていくと、鏡に映る姿もまったく同じ距離だけ動くように見える。

よく光る交通標識
ヘッドライトに照らされると交通標識は明るく光って見える。この交通標識の内部には反射コーティングを施したガラス球があり、ヘッドライトが当たるとその自動車に跳ね返るしくみになっている。このおかげで運転者は暗い道でも安全に運転することができる。

壁にまっすぐ投げたボール

斜めに投げたボール

懐中電灯の光を鏡に照らして、反射の法則を確かめてみましょう。懐中電灯の光を鏡の真正面に当てると、光はまっすぐ戻ってきます。光が垂線（すいせん）（鏡の表面に対して直角をなす想像上の直線）に沿って照らされているからです。

ところが懐中電灯の光を斜めに照らすと、光は垂線の向こう側に同じ角度で反対向きに跳ね返ります。
光が鏡に当たる角度を**入射角**、光の跳ね返る角度を**反射角**といいます。

反射の法則の式
物理の先生は、反射の法則を次のような式で教えています。

入射角＝反射角

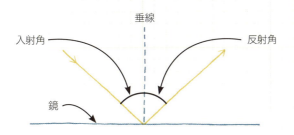

乱反射

反射の法則は、平らでなめらかな鏡（平面鏡）以外でも成り立ちます。表面がでこぼこしている場合、光はばらばらの方向に反射します。この現象は**乱反射**とよばれます。この場合でも1つ1つの光は反射の法則が成り立つように反射しています。

空が青いのはなぜ？
太陽の光が大気を通るとき、長い波長の光（赤と橙）はまっすぐ進むが、短い波長の光（青と紫）は大気によって**散乱**（粒子に当たった光が四方に広がる現象）される。だから頭の上の空は青く見える。
遠くの空は淡い青に見えるはずだ。遠くの光は自分のところに届くまでにたくさんの大気を通り抜けなければならない。青い光の一部はいろんな方向に散乱してしまうので届く量が少なくなるというわけだ。

カーブした鏡をのぞきこむと、鏡に映った姿はとても奇妙に見える。これは、光が反射する方向が場所によって違うため、ゆがんだ姿になって見えるからだ。

全反射

水から空気へ光が進むとき、一部は水面で反射し、残りは空気中へ出ていきます。しかし、入射角を大きくすると、すべての光が反射するようになります。この現象は**全反射**とよばれています。

光ファイバーは全反射を利用して、コンピュータやテレビに向けて光の信号を送ります。光はほとんど失われないので、はっきりした強力な信号をかなり遠くにまで送ることができます。そのしくみは次のようになっています。

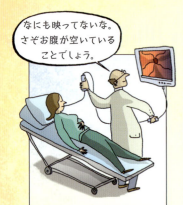

光ファイバーの利用
光ファイバーはとても柔軟性がある。細くて曲げやすいので医療の現場でよく利用される。

お腹が痛くてたまらない患者がいたら、小さなカメラのついた光ファイバーを口から胃へ送り込み、胃の内部でなにが起こっているかを調べたりする。

コンピュータのモデムによって電気が光信号に変換される。

信号は光ファイバーを全反射しながら進む。

別のコンピュータに着いた信号はふたたび電気に変えられる。

水の中のストローが曲がって見えるのはなぜ？

水の中のストローが曲がったり折れたりしているように見えることがあります。けれども曲がっているのはストローではなく光です。

光はいろいろな媒質(ばいしつ)の中をさまざまな速さで進みます。水の中に入ると減速(げんそく)し、空気中に出ると再び加速(かそく)します。減速したり加速したりすると、光は曲がります。このようにして起こる現象は**屈折**(くっせつ)とよばれています。

水に入ると光は曲がる。そのせいでストローが曲がって見える。

あそこにもここにもエネルギー

屈折が利用されているもの

メガネ、拡大鏡、顕微鏡、望遠鏡、カメラには**レンズ**が使われています。レンズとはプラスチックやガラスを内側または外側にカーブするように加工したものです。たとえば、凸レンズは入ってくる光を屈折させて1点（焦点）に集めます。顕微鏡や望遠鏡はレンズを組み合わせることで、小さすぎたり、あるいは遠すぎたりして肉眼では見えないものの姿をはっきり映し出します。

レンズには大きく分けて、次の2種類があります。

メガネはなぜかけるの？

レンズは人工のものばかりではなく、自然のレンズも存在する。たとえば目がそうだ。目の水晶体はレンズともいい、とても精巧にできている。自ら形を変えて、近くのものにも遠くのものにもピント（焦点）を合わせられるようになっている。

目の水晶体の形がうまく変わらない人は、メガネやコンタクトなど、目の前にもう1つレンズをつけてピントを調整する。

人の目の水晶体については、42ページでくわしく説明している。

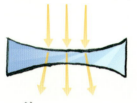

凹レンズは光を外側に屈折させる。

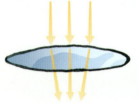

凸レンズは光を内側に屈折させる。

虫メガネをつくってみよう

空のペットボトル、ハサミ、水を使って、単純な拡大鏡（虫メガネ）をつくってみよう。

1. ペットボトルのカーブした首のすぐ下あたりを円状に切り取る。

2. 切り取ったカップのような部分に水を少し注ぐ。

3. 水を入れたカップを新聞紙の上に置き、前後左右に動かしてみよう。

すると、どうなる？

水を入れたカップを通すと文字が大きく見えるはず。これは、水とプラスチックがレンズのはたらきをして光を屈折させるためだ。

音の世界

音エネルギーのおかげで、私たちは音を聞くことができます。音はバイオリンの弦などが振動したときに生じます。弦が振動すると隣の空気に衝突して、空気も振動させます。この振動は連続した波となって空気の中を伝わります。そうして伝わってきた振動が耳の中に入ると鼓膜を震わせ、最後は音として聞こえるというわけです。

音に高さの違いがあるのはなぜ？

ものが速く振動すると、送り出される波も速く進みます。とても速く振動するときに出される波は周波数が高く、**高周波**とよばれます。一方、ゆっくり振動するときに出される波は周波数が低く、**低周波**とよばれます。

高周波の音波は、金切り声や自動車の盗難防止警報器のような高くキンキンした音として聞こえます。低周波の音波は、大型犬の鳴き声やトラックのエンジン音のように低くうなるような音として聞こえます。

音の高さにかかわる周波数の単位は**ヘルツ（Hz）**です。人はすべての周波数を聞くことができるわけではありません。私たちの耳に聞こえるのは20,000Hz～20Hzまでの音だけです。イヌやコウモリなどは人よりも高い周波数の音を聞くことができます。

20,000Hz以上の周波数の音波は**超音波**、20Hz以下の音波は**超低周波**とよばれます。

確かめてみよう：音波

音波の威力はときにかなり強力だ。スピーカーの前に手を置くと、空気を動かす音波を感じることができる。

音波の威力を目で確かめたい場合は、スピーカーの上にティッシュペーパーの切れ端をのせて、音を大きくしてみよう。音波の振動でティッシュペーパーが飛び跳ねるはず。

雷雲がどのくらい離れているかを知るには？

雷鳴は、稲妻が空をジグザグに進むときの音。音は光よりもゆっくり進むので、いつも稲妻が見えてから雷鳴が聞こえる。

雷雲がどのくらい離れた場所にあったかを知りたい場合は、稲妻が見えてから雷鳴が聞こえるまでの秒数を数える。数えた秒数を3で割れば、だいたい何km離れているかがわかる。

あそこにもここにもエネルギー

音を観察してみよう！

音波を直接見ることはできませんが、**オシロスコープ**という装置を使えば、その様子を知ることができます。オシロスコープはマイクが拾った音の振動を波形としてモニターに映し出します。波形は音の周波数と振幅を示します。

いつの日かあなたが有名な歌手になったら、録音スタジオでプロデューサーが下の図のようなモニターを見ながら、あなたの美声をさらに美しく聞こえるように、装置を操作しているなんてことがあるかもしれません。波の振幅を調整すれば、声を大きくしたり小さくしたりできるし、周波数を変えれば音程を変えたり、外れている音を修正したりできます。

なんて静かで、行儀のよいクラスなのかしら！

耳の老化

年を取るにつれて、聞くことができる音の周波数の範囲は少しずつ狭くなる。子どもはたいてい親や教師より高い周波数を聞くことができる。

一部の携帯電話には、着信音を子どもには聞こえるが、大人には聞こえないような高音に変更できる機能がある。

振幅：波の山が高いほど音が大きくなる。

音が小さい
音が大きい

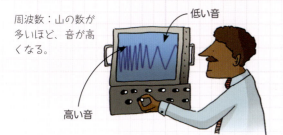

周波数：山の数が多いほど、音が高くなる。

低い音
高い音

音の大きさ

音の振幅の単位は**デシベル（dB）**です。静かなささやき声は約30dB、ふつうの話し声は約60dBくらいです。100dBを超える音は聴覚を傷つけ、聴覚障害を引き起こすこともあります。

いろいろな音の周波数

100,000～14,000Hz：コウモリの鳴き声

5,000～4,000Hz：コオロギの鳴き声

4,500～100Hz：ピアノの音

2,048Hz：歌手が出せる最も高い音

1,000～450Hz：人の話し声

30～17Hz：シロナガスクジラの鳴き声

5～1Hz：竜巻

あそこにもここにもエネルギー

反響音を聞くのに適した場所はどこ？

音の振動は、硬くて平らな固体の表面が一番よく反射する。けれどもはっきりした反響音を聞くためには、反射面から離れなければならない。近すぎると反響音が連続し、騒音のようにしか聞こえない。

最高の反響音を聞くことができるのは、がらんどうの教会や地下の洞窟といった広い場所だ。

エコーはどんなふうに起こるの？

エコー（反響）は音波の反射です。がらんどうの大きな部屋で大声を出すと壁に当たって跳ね返ってきます。音の進む距離が長ければ長いほど、音は小さくなっていきます。

エコーはなんの役に立つの？

コウモリはエコーをとてもうまく利用しています。コウモリは夜に狩りをします。獲物からはコウモリが見えず、コウモリからも獲物が見えません。そこでコウモリは高い周波数の音波を出してエコーが戻ってくるのを待ちます。戻ってくる方向や速さからまわりの様子をさぐり、近くに獲物がいるかどうかを判断します。

胎児の様子を超音波で見る

産科では超音波（人の耳には聞こえない高周波の音）を使って、母親の体内にいる胎児の様子を見る。母親の子宮に向かって超音波を放つと、胎児に当たって跳ね返ってくる。

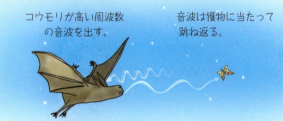

コウモリが高い周波数の音波を出す。　　音波は獲物に当たって跳ね返る。

コウモリが暗闇の様子をさぐる方法をまねてつくられた装置がソナーだ。

戦艦の乗組員はソナーを使って、水中に潜む敵の潜水艦を探す。戦艦から探信音を発射して、マイクがエコーを拾う。エコーの大半は海底から跳ね返ってくるが、それよりも短い距離からのエコーならば、潜水艦がかくれている可能性がある。

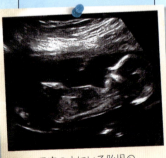

子宮の中にいる胎児の超音波画像

戦艦　　探信音　　潜水艦

音と光の3本勝負

光は音よりも速く進みますが、音にも独特な特徴があります。

音と光では波の性質が違うので、次の「3本勝負」をしたら、たぶんこのような結果になるのでは……

対決その1：かくれた人を見つける

光は音よりもかなり速く曲がり角に突進していくので勝ちそうだ。けれどもちょうどいい場所に鏡がなければ、そのまま通り過ぎてしまう。

音は広がるし、ものの中も通り抜けるので、曲がり角があっても問題ない。

結果：音の勝ち。そんなわけで、ぜっこうのかくれ場所を見つけたとしても、見つかりたくなければ、できるだけ静かにしておくこと。

対決その2：宇宙を旅する

光は相変わらず突進して、ゴールまで勢いよく進む。

音はスタート地点から一歩も動けない。音波が進むには媒質が必要なのだが、空っぽの宇宙空間に媒質はない。

結果：光の勝ち。音が進むのは、粒子から粒子へ振動が伝わるから。宇宙には粒子があまりない（英語で宇宙のことを「スペース」というように、宇宙は「空きスペース」だらけ）。だから宇宙でいくら叫んでも、だれにも聞こえない……

対決その3：窓を通り抜ける

光はいったんガラスの中に入ると、減速する。さらに屈折もする。なので光が映し出す姿は、ガラスの品質によって少し不安定になることがある。

音はガラスの中では加速する。音波は、空気のような気体よりも固体の方が速く伝わる。それは、固体の中では粒子が互いに接近しているため、振動がより速く伝わるからだ。けれどもガラスには防音効果があるので、反対側では音が小さくなる。

結果：引き分け！ 音も光も窓を通り抜けるが、どちらも窓によって結果が変わる。

パート4
電気がビリッ!

電気はエネルギーの一種で、静電気と電流に分けられます。セーターをぬいだとき、髪の毛がセーターにくっついてしまうことがありますよね。これは静電気のしわざです。空に稲妻を走らせるのも静電気です。一方、電流は導線を流れる電気のこと。テレビやパソコン、エアコンなど、私たちが毎日使っている多くのものは電流で動いています。

静電気と電流には、似ているところと違うところがありますが、その前にそもそも電気はどこからやってくるのでしょうか? くわしく見ていきましょう。

**すばらしき物理学者：
ジョゼフ・ジョン・トムソン
（1856〜1940年）**

19世紀後半、ジョゼフ・ジョン・トムソンは「陰極線」を使った一連の実験を行い、ある微粒子が原因で電荷が流れることを実証した。その微粒子は、間もなく「電子」と名づけられた。

避雷針

パリのエッフェル塔を
直撃する稲妻

高い建物にはよく稲妻が落ちて火事になることもある。だからエッフェル塔をはじめ、高い建物には、安全のために避雷針（稲妻を地面まで安全に流す金属の棒）が備えられている。電気は避雷針を通って地面に散らばるので、建物は傷つかない。

電気がビリッ！

電気はどこからやってくるの？

電気は電子と関係しています。電子というのは、原子の中にある負（マイナス）の電荷をもつ粒子です。電子の数は正（プラス）の電荷をもつ陽子の数と同じなので、原子全体では電荷をもちません。けれども、電子を渡したりもらったりすると、原子は正または負の電荷をもつことになります。

Tシャツに風船をくっつけるには？

とても簡単に電荷をもたせることができます。たとえば、綿のTシャツにビニールの風船をこすりつけると、Tシャツの電子の一部がTシャツから離れて風船に移動します。このときに、わずかですが風船は負の電荷、Tシャツは正の電荷をもちます。反対の電荷どうしは引き合うので、風船はTシャツにくっつきます。

プラスチックと綿はどちらも**不導体**（電気を伝えにくい物質）の一種で、電荷を蓄えて**静電気**という種類の電気エネルギーを生み出します。

静電気はものすごい威力を見せることがあります。たとえば、嵐のとき、雲の中では水滴がこすれ合って雲の下部にとてつもない量の負の電荷を蓄えます。やがて増えすぎた電荷を取り除く（**放電**する）ために雲は、雲の上部や地面など反対の電荷をもつ場所に向かって稲妻を放ちます。

電気がビリッ！

静電気はものを反発させたり引き合わせたりする

2つのものが同じ電荷をもっていれば反発し合い、反対の電荷をもっていれば互いに引き合います。

まず、空のペットボトルを2本使って、静電気がものを反発させる様子を見てみましょう。

ペットボトル1本をTシャツにこすりつけて負の電荷をもたせ、横に倒して置きます。もう1本のペットボトルも同じように負の電荷をもたせ、最初の倒したペットボトルに近づけます。するとペットボトルは反発し合い、最初のペットボトルは転がっていくはずです。

温度によって電気の通りやすさが変わる物質

シリコン（ケイ素）は低温では不導体になり、高温では導体になる。こうした物質は**半導体**とよばれる。

コンピュータチップは半導体からつくられている。携帯電話や電子レンジなどさまざまな電子機器に欠かせない部品だ。

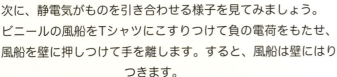

次に、静電気がものを引き合わせる様子を見てみましょう。

ビニールの風船をTシャツにこすりつけて負の電荷をもたせ、風船を壁に押しつけて手を離します。すると、風船は壁にはりつきます。

これは、風船の負の電荷が壁の表面の電子を押しのけるため、壁がわずかに正の電荷をもちます。その結果、風船と壁は引き合うというわけです。

家庭で使う電気はなにかな？

家庭の導線を流れている電気は静電気ではありません。**電流**という物質の中を流れる電気で、物質の中に蓄積しません。そのしくみを次のページでくわしく見てみましょう。

2種類の電気の特徴

静電気は、物質の中に蓄えられた電気によって生じる。カーペットの上をゴム底の靴で歩いてから金属製のドアノブに触れると手がピリッとする。あの衝撃を与えるのが静電気だ。ピリッという感覚は電気の放電を感じているのだ。

電流は物質の中を流れる、あるいは物質から物質へ移る電子の動きによって生じる。家庭のコンセントから取っている電気が電流だ。

電気がビリッ！

電気はどうして流れるの？

電流は**導体**（電気を伝えやすい物質）の中を流れます。銅などの金属は導体として優れているので、導線の材料に使われます。金属の中では原子のまわりを電子が自由に漂っています（132ページの図を参照）。この電子の移動が導線を流れる電流の正体です。

電流をつくり出すものはなに？

電流はひとりでに導線を流れたりはしません。電流が流れるためには**電池**などの電源が必要です。
電池はその内部で電子を出したり、電子を受け取ったりする化学反応が起こっています。電池の負極（－極）は電子を出し、正極（＋極）は電子を受け取っています。電池に電球やモーターなどをつなぐと、電子が負極から正極へ向かって流れ、明かりをつけたり、モーターを回したりします。こうして回路に電流が流れるのです。

すばらしき物理学者：ガルバーニとボルタ（16〜17世紀）

ルイージ・ガルバーニは、死んだカエルの脚が電荷を帯びた導体に触れるとびくびく動くことに気づいたが、理由をうまく説明できなかった。

ライバルの科学者アレッサンドロ・ボルタは、カエルの脚に電流が流れたためだと考えた。

ボルタは実用的な電池を初めてつくった。ボルタをたたえて電圧の単位には「ボルト」が使われている。

最初の電池はボルタによって1800年ごろに考え出された。銅板と亜鉛板を交互に積み重ねたもので、「ボルタ電堆」とよばれている。

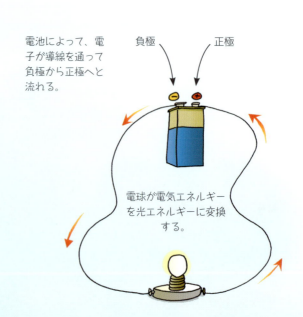

電池によって、電子が導線を通って負極から正極へと流れる。

負極　　正極

電球が電気エネルギーを光エネルギーに変換する。

電池のしくみは？

電池は電気エネルギーに変えることのできる化学エネルギーの貯蔵所です。電池は**電解液**と2つの金属端子でできています。電解液中の化学反応によって負極端子から電子が流れ出し、正極端子に電子が流れ込みます。この端子間の電位差を**電圧**といいます。

電池の電圧は、電池にどれくらいのパワーがあるか、正確にいうと導体にどれくらいの電流を流すことができるかによって決まります。電圧の単位は**ボルト（V）**です。たいていは電池の横にその値が記されています。電圧の大きさは**電圧計**で測定されます。

直流と交流

電流には、**直流（DC）**と**交流（AC）**の2種類がある。

直流は電池から得られる電流。絶えず一方向に流れる。

交流は家庭に届けられる電流。電流の向きが周期的に変わる。発電所の発電機を高速回転させることによって発生する。

交流は、発電所の発電機が回転している限り、家庭に届けられるので便利だが、電池は使い切ると、充電し直さなければならない。

電池をつくってみよう

電池に必要なもの：
食塩1/2カップ、酢1カップ、十円玉11枚、十円玉と同じ大きさの円の形に切ったコーヒー用ペーパーフィルター10枚とアルミホイル10枚。

食塩と酢を混ぜて電解液をつくる。
ペーパーフィルターを電解液に数分間ひたす。次に、下から十円玉、アルミホイル、ペーパーフィルターの順に積み上げていき、最後に残った十円玉を一番上に置く。アルミホイルは、十円玉または別のアルミホイルに触れないように注意すること。

電池のテストに必要なもの：
導線2本と発光ダイオード（LED）1個（どちらもホームセンターに売っている）。

各導線の一方の端をLEDの端子に巻きつけ、LEDに接続する。次に、各導線のもう一方の端を電池の一番上と一番下につける。すると、LEDが点灯するはず。

電流戦争

1882年、トーマス・エジソンが世界で初めて発電所をつくり電気を供給した。エジソンが使ったのは直流だった。

しかし、その後ライバルのニコラ・テスラが、交流の方が効率がよいとアメリカ政府に主張した。事業が失敗することをおそれたエジソンは交流を使って動物を感電死させ、交流は危険だと訴えた。

けれども結局は交流が普及した。テスラがいったとおり、交流は直流よりも効率がよく、価格も安い。

家庭での電気の安全対策

家庭で多くの電気器具を同時に使うと、回路に大きな電流が流れて危険である。このような場合は、ブレーカーが落ちて回路が切れるようになっている。

また、電子レンジや冷蔵庫などの電気器具には**アース線**がついているものも多い。これにより、漏電したときには、電流はアース線を通って地面に運ばれるようになる。

いろいろな回路

電流が流れる道筋を**回路**といいます。多くの回路は、導線のほかにも回路を流れる電流を利用するさまざまな部品が組み込まれています。たとえば、電動歯ブラシには電流を運動エネルギーに変換する**モーター**がついています。

部品を動かすには一定の量の電流が必要になります。それより少ないと電力が足りないので部品は動きません。

電流の計算

物体や電子、原子核がもつ電気を**電荷**といい、その量を**電気量（q）**といいます。電気量の単位はクーロン（C）で表されます。**電流（I）**は導線の断面を1秒間に通過する電気量で定め、次の式で求められます。また、電流の大きさは**電流計**を使って測定できます。

$$電流(I) = \frac{電気量(q)}{時間(t)}$$

電流のマジックトライアングル

電流、電気量、時間を求めるマジックトライアングル。

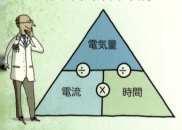

抵抗の計算

動いているものの速さが摩擦によって遅くなるのと同じように、流れる電流の大きさは**抵抗（R）**によって小さくなります。抵抗の単位はオーム（Ω）で表されます。プラスチックなどの不導体は抵抗が大きく、金属などの導体は抵抗が小さくなります。

抵抗は次の式で求められます。

導線の抵抗の大きさ

導線が長くなるほど抵抗は大きくなる。それは電流の流れる距離が伸びるから。
導線が太くなるほど抵抗は小さくなる。それは電流が流れる空間が大きくなるから。

$$抵抗(R) = \frac{電圧(V)}{電流(I)}$$

2種類の回路

回路に部品を配置する方法には**直列**と**並列**の2種類があります。家でクリスマスツリーに電飾をつなげようと思います。直列と並列のどちらにつなげた方がいいのでしょうか？

直列回路

直列につないだ電飾では、1本の長い導線に電球がずらっと一列に並んでいます。電流は電球を順に通り、電気を光に変えます。直列回路では導線が短くてすみ、絡みにくいのですが、問題が2つあります。1つは、電球が1個切れると回路全体に電流が流れなくなってしまうので、ほかの電球もすべて消えてしまうということ。

もう1つは、一列に並んだ電球の数が多くなると、各電球が受け取る電流が小さくなるので、暗くなるということ。

並列回路

並列回路では、電球はそれぞれ別の電流の経路にあります。そのため、長い導線が必要となりますが、直列のような問題は起こりません。

それは、電流の流れる経路が複数あり、各電球に同じ量の電流が流れるからです。

その結果、電球が1個切れても、その経路以外には電流が流れます。また、電球の数を増やしても、すべての電球が同じ明るさで光ります。

電源コードの安全対策

電源コードの内部には金属の導線が通っている。電気で感電しないように、金属の導線はビニールの不導体で覆われている。

電気器具の安全対策

⚡ 電気器具を水に近づけないこと。水は電気を通しやすいので、器具に水が入ると電流が流れて器具が停止してしまう。また、濡れた手でさわると感電することがある。

⚡ 電源コードがきちんと絶縁されていることを確認しよう。ビニールの被膜から金属部分が見えている場合は要注意。むき出しになったコードをコンセントに接続したら感電や火事を引き起こすかもしれない。

⚡ 電気ポットやトースターなどの電気を熱に変換する器具は、多くの電流を必要とする。こういった器具を数台、タップなどを使って同じコンセントにさし込んで使用すると、コンセントが熱をもって火事になることがある。

電気がビリッ!

回路図を描いてみよう!

回路図を描くと、回路のしくみがわかりやすくなります。回路図では、つながっている部分をはっきり示すことが大切です。回路内の部品は電気用図記号で示し、導線は直線で表します。線を引くときは定規を使い、途切れているところがないか確認しましょう。そうしないと回路が切れているように見えてしまいます。

電流と電子の向きが逆なのはなぜ?

電流は負極から正極へ向かう電子の流れだ。ところが回路図では、電流は正極から負極に向かって流れる。これはどうしてだろうか?

電源の一方の端子からもう一方の端子に電流が流れていることを発見したのは、フランスの物理学者アンドレ・アンペールだった。アンペールは18世紀の人物で、当時はまだ電子が発見されていなかった。だから電流は正極から負極に流れると考えた。

アンペールの間違いが明らかになるころにはすでにアンペールの考えをもとに数多くの回路図が描かれていたので、修正されずそのまま現在まで続いているというわけだ。

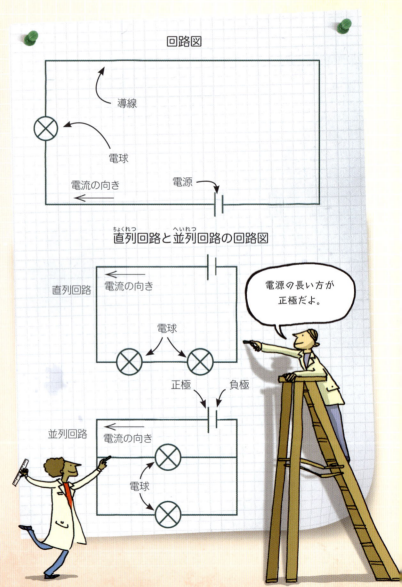

電気がビリッ！

回路図では電気用図記号を用いる。

スイッチ：開
スイッチが開いていると回路が切れて、電流が流れない。

スイッチ：閉
スイッチが閉じていると回路がつながり、電流が流れる。

電圧計
電圧計は電圧の大きさを測定する。並列に接続されていないと正しい値を読み取れない。

電流計
電流計は電流の大きさを測定する。直列に接続されていないと正しい値を読み取れない。

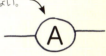

ダイオード
半導体でできているダイオードは一方向にのみ電流を通す。

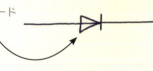

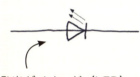

発光ダイオード（LED）
正しい方向に電気が流れると光を放つダイオード。電気エネルギーを使用する量が少ないので、LED照明には節電効果がある。

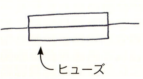

ヒューズ
回路内に大きな電流が流れたときに、回路を切って保護する。

可変抵抗器
回路内の抵抗の大きさを変化させて、回路を流れる電流の量を調整する。

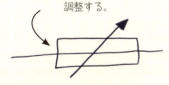

コンピュータチップ
現代のコンピュータチップはとても小さく、指先ほどの大きさしかないが、内部には何百万もの回路が組み込まれている。チップが発明される前は、コンピュータを動かすための回路はとんでもなく大きかったため、小型の電子機器などとてもつくれなかった。

現在も回路を小さくする研究は進められている。

磁石ってなに？

磁力を出す能力のあるものを**磁石**といいます。磁石は、磁気をもつことのできる金属を引きつけます。このような金属には鉄や鋼、コバルト、ニッケルなどがあります。冷蔵庫のドアはたいてい鋼でできているので、磁石は冷蔵庫のドアにくっつくのです。

また、磁石は別の磁石と引きつけ合ったり、しりぞけ合ったりします。これは磁石の両端にN極とS極という**磁極**があるためです。薄いマグネットシートにも、表面と裏面にそれぞれ磁極があります。
このため、マグネットシートの上に別のマグネットシートを置くとくっつくはずです。反対に、裏面どうしをくっつけようとするとしりぞけ合います。

磁石に磁気があるのはなぜ？

一部の物質にはもともと磁気が備わっています。人は数千年前に、鉄を引きつける岩石（天然磁石）があることを見つけ、磁気というものに気づきました。
磁石は人工的につくることもできます。たとえば、鉄や鋼の内部にはN極とS極をもつ、超小型の分子磁石が多数存在しています。この分子磁石を同じ方向に向けさせると、物質が磁気をもつようになります。この現象を**磁化**といいます。

磁化の様子による物質の分類

外部からの磁場の向きに対して、物質が磁化される様子は物質によって異なり、次の3種類に分類される。
強磁性体：磁場の向きに強く磁化される。鉄、コバルト、ニッケルなど。
常磁性体：磁場の向きに弱く磁化される。アルミニウム、空気など。
反磁性体：磁場の向きと逆向きに弱く磁化される。水、銅、グラファイトなど。

磁化をイメージする

磁化される物質の中には、それぞれがN極とS極をもつ分子磁石がある。マッチを使って、磁化されたときの物質と磁化されていないときの物質の分子磁石の配置を確かめてみよう。

テーブルの上にマッチをぶちまけたとする。マッチは、磁化されていない物質の中の分子磁石のようにごちゃ混ぜ状態だ。

次に、頭がすべて同じ方向を向くように、マッチを全部並べ直す。磁化された物質の中では、こんなふうに分子磁石が並んでいる。

ふつうの鉄板は磁化されていないので、分子磁石の向きはばらばら。

鉄板が磁化されると分子磁石はすべて同じ方向を指す。

電気がビリッ！

磁力線のパターン

磁力のはたらく空間を**磁場**（磁界）といい、磁場の向きをつなぐと**磁力線**になります。磁力線は目に見えませんが、磁石と磁石を近づけると変化します。

磁場による動物の移動

鳥やカメやチョウなど、さまざまな生物が夏は涼しい場所、冬は暖かい場所を目指して、毎年何千kmも移動する。初めて行く目的地であっても、ほぼ間違うことなく正しい場所にたどり着く。
これは、地球自体が1つの巨大な磁石だからだ。移動する動物には地球の磁場を感知する能力があり、正しい方向に進んでいるかどうかを磁場によって知る。

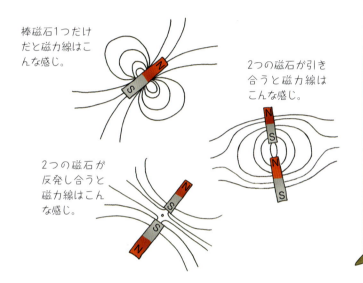

棒磁石1つだけだと磁力線はこんな感じ。

2つの磁石が引き合うと磁力線はこんな感じ。

2つの磁石が反発し合うと磁力線はこんな感じ。

磁力線を見てみよう

磁場そのものを見ることはできないけれども、鉄の粉を使えば磁力線を見ることができる。

必要なもの：

棒磁石

鉄の粉

紙

棒磁石の上に紙を置いて、紙の上に鉄の粉を振りかける。紙をそっとたたくと、鉄の粉が跳び上がって紙の上に落ちる。

すると、どうなる？

磁石のまわりには鉄の粉の模様ができる。この模様をつないだ線が磁力線である。

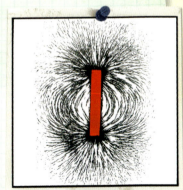

磁石の上に鉄の粉を振りかけると、このような模様ができる。

磁石をつくってみよう

鉄や鋼を磁石で何度もこすると、内部の分子磁石をすべて同じ方向に向けさせることができる。

必要なもの：
棒磁石
鋼の針2本

1. 1本の針を棒磁石で同じ方向に約10回こする。

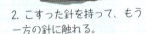

2. こすった針を持って、もう一方の針に触れる。

磁石の磁気をなくす

分子磁石をごちゃ混ぜにすれば磁石ではなくなる。だから磁石の磁気をなくしたかったら金づちでたたけばよい。あるいは赤くなるまで熱してもよい。でも、危ないので、家でやってはダメだよ。

すると、どうなる？

棒磁石でこすった針が、もう1本の針を持ち上げられるほど強く引きつけるはずだ。これは、こすった針が磁石に変わったということ。

地球で一番大きな磁石は？

答えは地球。じつは地球そのものが巨大な磁石なのです。地球の真ん中には、液体の鉄に囲まれた固体の核があり、それが地球の真ん中をつらぬく棒磁石のようにはたらくのです。
磁場の上端である北磁極は北極点のそばにあり、磁場の下端の南磁極は南極点のそばにありますが、それらはまったく同じ地点ではありません。
コンパスの針は地球の磁場の向きを示すので、強力な磁石が近くにない限り、針のN極は北磁極を向きます。

確かめてみよう：地球の磁場の向き

上の方法を使って針を磁石に変える。カップに水を入れ、磁化した針をコップの水の真ん中に浮かべる。
針はぐるぐる動き回ったすえに、地球の磁場の向きになって動かなくなるはずだ。最後はコンパスの針と同じように地球の北磁極を指して止まる。

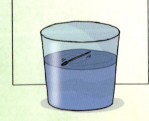

地球の磁場のパターン

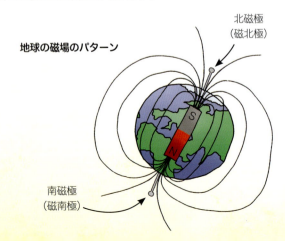

北磁極（磁北極）
南磁極（磁南極）

電磁石と電磁誘導のしくみ

電流が流れると、そのまわりに磁場ができます。なので電流が流れていない導線に磁気はありませんが、電流が流れると導線に磁気が生じます。

この性質を利用すると、一時磁石（**電磁石**）をつくることができます。金属線をぐるぐる巻き付けたコイルに鉄の棒を入れ、電流を流すと、電磁石になります。

磁石とコイルを用いて、電流をつくり出すこともできます。金属線のコイルの内側で磁石を回転させると、金属線に電圧が生じます。この現象を**電磁誘導**といいます。金属線が回路に接続されている場合は、電流が流れます。この電流を**誘導電流**といいます。磁石の磁力が強いほど、動きが速いほど、大きな誘導電流が流れます。

発電所では水を沸騰させて水蒸気にします。この水蒸気が発電機の内部のタービンという機械を回すと、タービンがコイルの内側の磁石を回転させます。こうして生じた電流が家庭に送られています。

確かめてみよう：
電磁石

エナメル線、電池、鉄の釘を使って電磁石をつくってみよう。

エナメル線を釘に巻き付ける。巻き付けるとき、輪の間隔はできるだけ狭くしておく。エナメル線の両端を紙やすりでけずったら、電池につなぐ。釘を鉄のクリップに近づけると、どうなるかな？

釘がクリップを持ち上げるはずだ。これは、釘が電磁石になったからだ。電池からエナメル線をはずすと、この力ははたらかない。つまり、磁石になるのは、電流が流れているときだけだ。

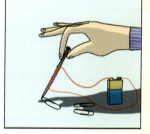

リニアモーターカー

日本やアメリカなどでは、リニアモーターカーとよばれる超高速列車の試験が行われている。

列車が走るコースの横と下には電磁石がある。車体の磁石とコースの電磁石が互いに反発し合うので、列車はコースに触れず、浮いた状態で走る。つまり、列車とコースの間に摩擦がないので、リニアモーターカーは効率よく超高速で走行できるというわけだ。

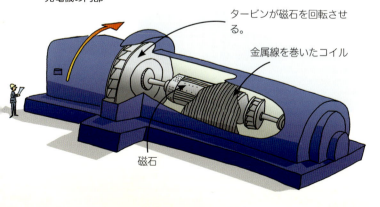

発電機の内部
タービンが磁石を回転させる。
金属線を巻いたコイル
磁石

パート5
宇宙大冒険

宇宙はとっても広い。宇宙には、どんなに研究熱心な天文学者でも数え切れないほどの星があります。宇宙を研究する天体物理学は物理学のなかでも、とびっきりわくわくする分野です。天体物理学者は、自分ではけっしてたどり着けないほど遠くにあるものを研究します。だから研究方法もいろいろ工夫しています。

宇宙大冒険

銀河系

なんにもない宇宙空間
宇宙空間（スペース）は、その名のとおり、ほとんどの部分ががらんとした空きスペースだ。本当に空っぽでなにもない。空気すらないので呼吸もできない。惑星や恒星から離れれば重力もない。

夜空を見上げると、そこには宇宙があります。目に見える星はすべて、私たちのいる銀河系（恒星の集まり）の一部です。もし銀河系をはるか遠くから眺めることができれば淡いミルク色の光の渦のように見えるでしょう。宇宙には、銀河系のほかにも何百万もの銀河があり、何十億もの星があります。

星を眺めることは、同時に過去の時間を見ることでもあります。太陽以外の恒星はどれも、あまりにも遠くにあるため、宇宙で一番速い光でさえ地球にやってくるには何年もかかります。だから宇宙空間の距離では「光年」という単位で表されます。1光年は1年間に光が進む距離で、9,460兆7,304億7,260万mになります。

銀河系で一番遠くにある星は地球から10万光年離れていて、銀河系の一番近くにある銀河、アンドロメダ銀河は250万光年離れています。つまり地球から見えるアンドロメダ銀河は250万年前の姿なのです。

宇宙の穴
巨大な星が燃えつきて死を迎えると、内側に崩壊して超高密度の渦巻きになることがある。これが**ブラックホール**だ。

ブラックホールは重力が強すぎて、死にゆく星へあらゆるものを吸い取ってしまう。

ブラックホールの中ではいったいなにが起こっているのだろうか？　それはだれにもわからない。並行宇宙につながる入り口だと考える科学者もいる。たとえそうだとしても、確かめる方法はない。それはブラックホールに入ると、強烈な重力に押しつぶされて二度と戻ってはこられないから。

穴に落ちるなよ！

NGC 1300という銀河の写真。私たちの銀河系に形が似ている。

宇宙大冒険

太陽と地球

太陽はごくありふれた恒星です。とりたてて大きな星ではありませんが、地球にとても近いのでほかの恒星よりも大きく、明るく見えます。とはいっても、体積で地球の約100万倍も大きいのですが。

太陽はほかの恒星と同じように、信じられないほど高温で核反応（135ページを参照）が起きている気体（ガス）の球体です。気体は押しつぶし合って爆発を繰り返し、光と熱をつくり出しています。

地球はどんな運動をしているの？

地球は**公転軌道**とよばれる経路を通って、太陽のまわりを回り続けています。このように、天体がほかの天体のまわりを回転することを**公転**といいます。同時に、地球は**地軸**（北極と南極を結ぶ想像上の直線）を中心にして、コマのように回転し続けてもいます。このように、天体が自分自身で回転することを**自転**といいます。

1日とは、地球が1回転するのにかかる時間です。太陽の方を向いた側は昼に、反対側は暗い夜になります。

季節があるのはなぜ？

地球の地軸は公転面に対して垂直ではなく少し傾いています。地軸が太陽の方に傾いている時期が夏。昼は長く、夜は短くなるので、気温が上がります。一方、地軸が太陽の反対側に傾いている時期が冬。夜は長く、昼は短くなるので、気温が下がります。

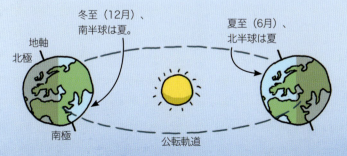

太陽は見ちゃダメ！

たとえサングラスやカメラや望遠鏡ごしであっても、けっして太陽を見てはいけない。目が傷つくおそれがある。

望遠鏡ごしに撮った太陽の写真

確かめてみよう：季節と地面を照らす角度

懐中電灯を真下に向けてみよう。地面がとっても明るく照らされるよね。夏の太陽はこんなふうに地面を照らしているんだ。

今度は懐中電灯を斜めに当ててみよう。光はさっきよりも伸びて、あまり明るくないよね。冬の太陽はこんなふうに地面を照らしているんだ。

月と地球

地球から見える天体の中で月は太陽に次いで明るいです。けれども本当のところは巨大な岩のかたまりで、自分から光を放っているわけではありません。月の光というのは、実際には月面が反射した太陽の光です。

そうであっても、月が重要な天体であることに変わりありません。月の重力は地球を引き寄せ、地球の表面を少しふくらませています。陸地ではこの月の影響を実際に見ることはできませんが、海では見ることができます。潮の満ち引きは、月の重力が海を引きつけることによって起こります。

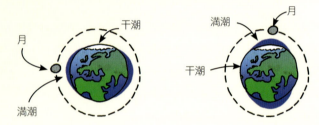

月の形が変わるのはなぜ？

夜空を見上げればわかるとおり、月はいつも同じ形に見えるわけではありません。まん丸の満月のときもあれば、細い三日月のときもあります。

といっても月が実際に形を変えているわけではありません。月が地球のまわりを回るにつれて月に当たる太陽の光の角度が変わっていきます。月と太陽の位置関係によって、地球からは月の欠け方が違って見えます。

月面に立った人類

1961年、アメリカのジョン・F・ケネディ大統領はアポロ計画を開始し、1970年までに人類が月面を歩くことを約束した。

1967年、最初のアポロ宇宙船、アポロ1号が地上での予行演習中に3人が死亡。1970年を目前にした1969年7月に計画は成功し、アポロ11号は月に着陸した。

アポロ11号の乗組員たち。ニール・アームストロング、マイケル・コリンズ、バズ・オルドリン

最初に月に降り立ったのは船長のアームストロング。オルドリン宇宙飛行士といっしょに、ほこりっぽい月面を2時間かけて探索した。

アポロ計画では1969年から1975年にかけて12人の宇宙飛行士が月を訪れた。この12人を除いて、地球以外の天体を実際に訪れた人類はいない。

1969年、月面上に立つアラン・ビーン宇宙飛行士

宇宙大冒険

1年が12か月なのはどうして？

1か月の「月」は天体の月に由来しています。1か月というのは、月が地球を1周するのにかかる期間です。
月は地球を1年に12周します。だから1年は12か月なのです。とはいっても、ぴったり12周というわけではないので、4年ごとに1年の長さを調整する必要があります。「うるう年」には2月に1日を追加して、1年を366日にします。

13番目の満月
満月は1か月に1回、1年で12回ある。けれども13番目の満月を見られる年が2、3年に1回ある。そのおまけの満月を「ブルームーン（青い月）」という。実際の色はふつうの満月と変わらない。

日食と月食はなぜ起こるの？

月が地球と太陽の間に入って、太陽の光をさえぎることがあります。これが**日食**です。月は太陽よりもはるかに小さいですが、地球にかなり近いので、月が太陽を覆い隠し、太陽の全体または一部が見えなくなってしまうのです。
天体が完全に隠されることを**皆既食**、一部が隠されることを**部分食**といいます。日食の場合は、それぞれ皆既日食、部分日食といいます。
皆既日食が起こると、急に暗く、そして寒くなります。鳥は夜とかん違いして、巣に戻ろうとします。日食を見た昔の人は、世界が終わりを迎える合図だと信じていました。

命を救った月食
1503年、探検家のクリストファー・コロンブスは難破し、たどり着いた島で食べるものがなくて困っていた。コロンブスはじきに月食が起こることを知っていたので、島の人たちに「食べ物をよこさなければ神が怒って月を消し去ってしまうだろう」と告げた。
地球が太陽と月の間に入るにつれて予言どおり空は怒ったように赤く染まり、やがて月は消えてしまった。こうしてコロンブスはまんまと食べ物を手に入れたそうだ。

日食のしくみ

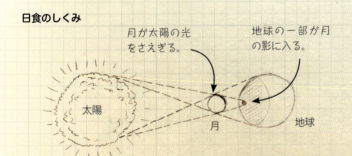

月食は日食ほど見ごたえはありませんが、日食よりもはるかに多く起こります。月食は、地球が太陽と月の間に入って太陽の光をさえぎることで、月の全体または一部が見えなくなる現象です。

私たちのいる太陽系

惑星は恒星のまわりを回る大きな球体です。硬い岩石でできている惑星もあれば、ほとんどが気体（ガス）でできている惑星もあります。地球は太陽のまわりを回る8つの惑星の1つです。太陽と惑星がいっしょになって**太陽系**を構成しています。まわりを回る惑星があるのは太陽だけではありません。太陽以外にも、惑星をもつ恒星は少なくありません。

太陽のまわりを回る公転軌道の大きさは惑星ごとに異なります。つまり、太陽のまわりを1周する時間（公転周期）もそれぞれ違います。

宇宙の中心は？

16世紀までは地球が宇宙の中心であり、太陽と惑星はそのまわりを回っていると考えられていた。

その後、天文学者のコペルニクスが、地球は太陽のまわりを回っているという説を唱えた。

科学者ガリレオもこの意見に賛成し、1632年には自分の考えを本にまとめた。

その本が、宇宙の中心は地球だと考えるキリスト教会の怒りを買い、ガリレオは死ぬまで軟禁生活を送るはめになった。

金星
一番熱い惑星。地球とほぼ同じ大きさだが、人がぺしゃんこになるほど濃い大気で覆われている。
公転周期：0.62年
平均密度：5.24g/cm³
平均温度：460℃
衛星の数：なし

太陽
太陽は太陽系の質量のじつに99.8％を占める（つまり太陽以外は全部合わせても0.2％にしかならない）。

小惑星
火星と木星の間の公転軌道で太陽のまわりを回る、無数の岩石や金属のかたまり。かたまりの大きさは豆粒くらいの小さなものから、1つの町ほどの大きなものまでさまざま。

水星
大気がほとんどない、小さな岩石からなる惑星。
公転周期：0.24年
平均密度：5.43g/cm³
平均温度：170℃
衛星の数：なし

土星
気体だけでできていて、まわりに岩石と氷のかたまりからなる環（リング）がある。
公転周期：29.46年
平均密度：0.69g/cm³
平均温度：−195℃
衛星の数：65個

冥王星
はるか遠くにある冥王星は2006年までは惑星に分類されていたが、ほかの8つの惑星よりもはるかに小さいので、現在は準惑星であり、「太陽系外縁天体」とされている。

宇宙大冒険

衛星の数

惑星が太陽のまわりを回るのと同じように、惑星にもまわりを回る岩石のかたまりがあります。このような岩石のかたまりを**衛星**といいます。地球には衛星（月）が1つしかありませんが、衛星をたくさんもつ惑星もあります。木星は少なくとも79個の衛星をもち、これからさらに衛星が発見される可能性もあります。

惑星の分類

惑星は、小型で密度が大きい地球型惑星（水星、金星、地球、火星）と、大型で密度が小さい木星型惑星（木星、土星、天王星、海王星）に分けられる。

木星
太陽系で一番大きな惑星。表面の大きな赤い斑点は、数百年あるいは数千年もの間、荒れ狂っている嵐。
公転周期：11.86年
平均密度：1.33g/cm³
平均温度：−145℃
衛星の数：79個

海王星
ジェット機なみに速い風の吹く、荒れ狂った惑星。
公転周期：164.77年
平均密度：1.64g/cm³
平均温度：−220℃
衛星の数：14個

彗星（すいせい）
直径約1〜5キロメートルの氷や岩石のかたまり。彗星には固体の核があり、そのまわりをちりと気体（ガス）からなる雲が取り囲む。太陽の近くを通過するときに太陽の光を反射して輝くので、地球からも見える。
彗星が通ったあとにはちりや岩石が残されるが、地球の近くを通過するときには、そのちりや岩石が流星群となって地球に降り注ぐ。

地球
大部分が水に覆われた、快適に過ごせる惑星。人をはじめ、さまざまな生物が数多く生活している。
公転周期：1.00年
平均密度：5.51g/cm³
平均温度：15℃
衛星の数：1個

天王星
自転軸が地球の地軸よりもはるかに傾き、ほとんど横倒しになっている。
公転周期：84.02年
平均密度：1.27g/cm³
平均温度：−200℃
衛星の数：27個

火星
火星は寒くて大気もない。にもかかわらず、もしも人類が地球を離れなければならなくなったときには、まっ先に移住地となるだろう。実際、NASA（アメリカ航空宇宙局）は火星を訪問する計画を進めている。計画が順調に進めば、地球以外の惑星を初めて宇宙飛行士が訪れることになる。
公転周期：1.88年
平均密度：3.93g/cm³
平均温度：−50℃
衛星の数：小さなものが2個

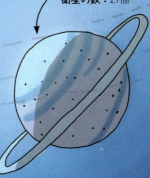

物理学のたどってきた道のり

人は何千年にもわたって宇宙のしくみを研究してきました。「物理学（フィジックス）」という言葉は自然を意味するギリシャ語の「フィシス」に由来します。16世紀までは、哲学や化学などのさまざまな分野の学問が物理学の一部と考えられていました。これまでの物理学の道のりをたどってみましょう。

約80万年前

古代の人類は摩擦を使って火を起こす方法（乾いた小枝をこすり合わせるほど高温になる）を知った。

約2,500年前

デモクリトスは、すべてのものはそれ以上分けることのできない小さな粒子からいくつも構成されていると考え、その粒子を「原子（アトム）」とよんだ。

約2,200年前

アルキメデスが風呂に入ったとき、浴槽から水があふれるのを見て、アルキメデスの原理を発見した。

約2,000年前

アラビアの科学者イブン・アルハイサム（アルハーゼン）が『光学の書』を書き上げた。アルハイサムは、光が直進することを初めて見つけた。

1609年

ガリレオが、高倍率の本格的な望遠鏡を初めてつくった。ガリレオは地球が太陽のまわりを回っていると説明したが、ほとんどの人が信じなかった。

1660年代

アイザック・ニュートンが重力の理論を発展させ、光のスペクトルを研究した。また、運動の法則の研究を開始した。

1800年代

アレッサンドロ・ボルタが、実用的な電池である「ボルタ電堆」を発明した。

1820年

デンマークの物理学者ハンス・クリスティアン・エルステッドが、磁場が電流を生み出すことを発見した。この発見が電磁石の開発に

科学について、もう少し

ここまで読んできた皆さんは、生物学や化学や物理学がどのようなものかわかったと思います。ここからは、科学者が実際にどのように研究を進めているのかを見てみましょう。また、科学でよく使われる記号や式も、忘れないようにまとめておきます。最後にこの本に出てきた少し難しい言葉を説明します。

科学について、もう少し

科学とはなんだ？

科学の英語のscienceはラテン語で「知識」を意味する*scientia*に由来する。科学とは物事がどのようなしくみで成り立っているのかを研究する学問だ。大きく3つの分野に分かれる。

生物学は生命を研究する。

化学は世界をつくっている物質を研究する。

物理学はすべてのものを支配する法則を研究する。

科学の研究はどうやって進めるの？

科学者は世界をつくっているしくみやなぞを解き明かそうと取り組むなかで、答えにつながる考えを思いつきます。そういった考えのもとは、自分で見つけたものもあるし、ほかの科学者が発表したものもあります。

次に、その考えが正しいかどうかを確かめなくてはなりません。自分の考えていることだから間違いないとか、当たり前だ、などというだけでは正しいことになりません。その考えを裏付ける実験をして、正しいこと（少なくとも間違っていないこと）を証明しなくてはなりません。これから実験をして確かめようとする考えを**仮説（かせつ）**といいます。

科学者は実験の結果を論文にまとめて学術雑誌で発表するので、世界中の科学者も同じ実験をすることができます。ほかの科学者も同様の結果となり、証拠が十分だと認められれば、仮説は**理論**になります。つまり、その考えが科学者たちに確かめられて、受け入れられ、追究しているしくみやなぞを説明できているということです。

実験はどうやって進めるの？

実験とは、考えが正しいかどうかを、だれが見てもわかるように確かめることなんだね。

1. **仮説**
自分がどんなふうに考えているかを説明する。実験の結果がどうなるかという予想も立てる。

2. **方法**
実験の進め方を決める。必ず**対照実験（たいしょうじっけん）**も行う。対照実験とは、本実験で確かめたいもの以外の条件をすべて同じにした実験のことをいう。本実験の結果が対照実験の結果と違えば、変えた条件が原因だとわかる。

3. **結果**
実験の結果を書き記す。

4. **結論**
結果の意味を考えてまとめる。たとえば、この結果は仮説を裏付けているかな？　この結果だと仮説を変えた方がいいかな、あるいは取り下げようか？

科学について、もう少し

簡単な化学の実験を見てみよう。

1. **仮説**
   食塩を氷に加えると速くとける。

2. **方法**
   2個の氷をそれぞれ別のコップに入れる。氷Aはそのままに、氷Bには食塩小さじ1杯を振りかける。氷がとけるまでのかかる時間を計る。同じ速さでとけるのか、それともどちらかが速くとけるのかを調べる。

3. **結果**
   氷B（本実験）は氷A（対照実験）よりも速くとけた。

4. **結論**
   氷Bには食塩があり、氷Aには食塩はなく、それ以外の条件は同じだった。したがって、氷Bの方が速くとけたのは食塩を加えたからだ。この結果は最初の仮説を裏付けている。

とはいえなにか理由があって実験がうまくいかなかった、ということもあるかもしれません。たとえば、氷Aよりも氷Bの方が少し温度が高かったり、小さかったりしたら、とける時間が短くなります。こうしたことを防ぐために、2つの実験の条件の中で食塩だけが違うことを、実験の前に必ず確かめておくことが大切です。

科学者も間違えるの？

そうです。科学者はしょっちゅう間違えます。実験の意味を取り違えたり、悪い実験結果が出たりすることもあります。また、実験をうまく進められるような技術が発明されるまでは結果を確かめられないことだってあります。

よい科学者がなによりも望むことは、物事のしくみがどうなっているのかを発見することです。たとえそれが自分の考えを間違いだと認めることになったとしてもです。科学者は、もし自分の考えが間違いだと証明されたら迷わず考えを変えて、さらに先へ進む覚悟で研究をしています。

> 「真実を求める者は…議論と実験に服従する」
>
> これは、ほかの人も確かめることのできる精密な実験が行われるようになって間もない時代に学者イブン・アル＝ハイサムが残した言葉。
>
> アル＝ハイサムは、それまでのように憶測からではなく、観察した結果に基づいて光と視覚に関する理論を導いた。
>
> 証拠を慎重に検討することもなく、だれかの考えを信じてはいけないと、アル＝ハイサムは主張したのだ。

科学について、もう少し

付録

この本で使われている記号や式をちょっとだけおさらいしましょう。

記号	読み方・意味	記号	読み方・意味
℃	摂氏、温度の単位	W	ワット、仕事率や電力の単位
℉	華氏、温度の単位	N	ニュートン、力の単位
K	ケルビン、温度の単位	Pa	パスカル、圧力の単位
○⁺	正の電荷を帯びた陽イオン	Hz	ヘルツ、周波数の単位
○⁻	負の電荷を帯びた陰イオン	dB	デシベル、音の大きさを表す単位
⚡	光エネルギー	a	加速度
Δ	熱エネルギー	F	力
e⁻	電子	m	質量
m/s	メートル毎秒、速さや速度の単位	q	電気量
m³	立方メートル、体積の単位	I	電流
m/s²	メートル毎秒毎秒、加速度の単位	R	抵抗
kg	キログラム、質量の単位	V	電圧
g/cm³	グラム毎立方センチメートル、密度の単位	DC	直流
		AC	交流
J	ジュール、仕事の単位	LED	発光ダイオード

ある量を知りたい場合、それ以外の量がわかっていれば式に当てはめて求めることができます。たとえば、自動車が移動した距離とかかった時間がわかれば、下の式を使って自動車の速さを求めることができます。

$$\text{速さ} = \frac{\text{距離}}{\text{時間}}$$

6mを2秒で移動した場合

$$\text{速さ} = \frac{6}{2} = 3 \text{ m/s}$$

速さは3m/s。

マジックトライアングル

3つの量が関係している式は、「マジックトライアングル」で表すことができます。下の2つの量を掛ければ、上の量を求めることができます。下の量のどちらかを求めたいときは、上の量を下の量で割ります。

実際の数字をマジックトライアングルに入れると、求め方がよくわかります。

$$6 = 2 \times 3$$

$$2 = \frac{6}{3} \quad と \quad 3 = \frac{6}{2}$$

科学でよく使われるマジックトライアングルを見てみましょう。

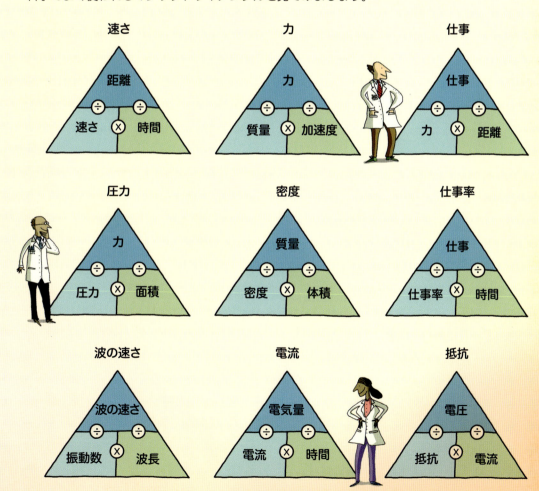

化学反応式

科学、とくに化学ではさまざまな種類の物質を使って研究をします。物質にはそれぞれ物質名と化学式があります。さまざままな化学反応は横一列に並べた**化学反応式**で表します。矢印は反応の向きを表します。

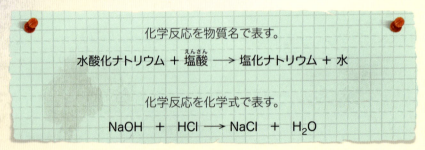

化学反応式では、左辺と右辺で原子の種類と数を同じにしなければなりません。上の化学反応式ならば左辺も右辺もNa（ナトリウム原子）、O（酸素原子）、Cl（塩素原子）がそれぞれ1個、H（水素原子）が2個あります。

下の化学反応式では、左辺と右辺のつり合いをとるために、化学式に係数をつけています。係数は反応にかかわる原子や分子の数を示しています（その原子や分子しかなければ、係数はつけません）。

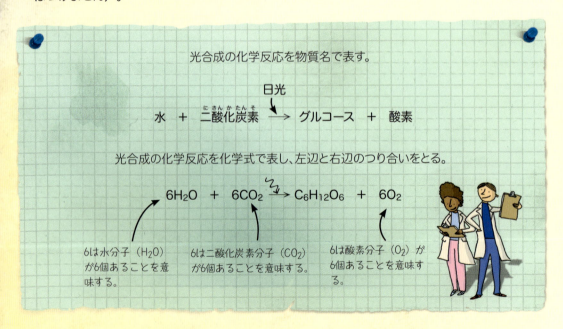

科学について、もう少し

原子のつくり

物質がどのように反応するかは、原子と原子の中の粒子によって決まります。

中性子は原子核の中にあり、電荷を帯びていません。

陽子は原子核の中にあり、正の電荷を帯びています。

電子は原子核のまわりの電子殻に入り、負の電荷を帯びています。

原子の中の陽子と電子の数は必ず同じです。だから全体で見ると、原子は電荷を帯びていません。

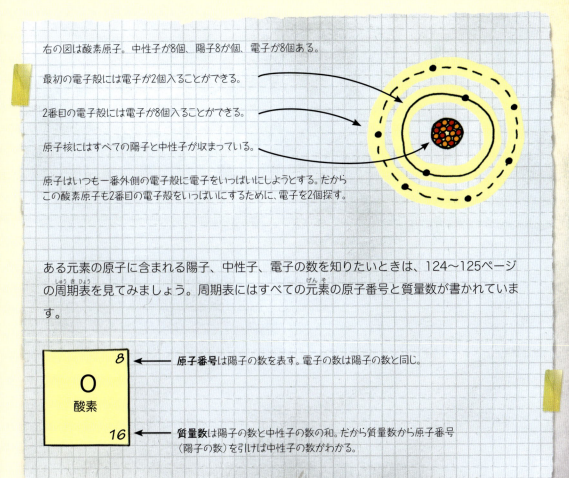

右の図は酸素原子。中性子が8個、陽子8が個、電子が8個ある。

最初の電子殻には電子が2個入ることができる。

2番目の電子殻には電子が8個入ることができる。

原子核にはすべての陽子と中性子が収まっている。

原子はいつも一番外側の電子殻に電子をいっぱいにしようとする。だからこの酸素原子も2番目の電子殻をいっぱいにするために、電子を2個探す。

ある元素の原子に含まれる陽子、中性子、電子の数を知りたいときは、124〜125ページの周期表を見てみましょう。周期表にはすべての元素の原子番号と質量数が書かれています。

原子番号は陽子の数を表す。電子の数は陽子の数と同じ。

質量数は陽子の数と中性子の数の和。だから質量数から原子番号（陽子の数）を引けば中性子の数がわかる。

用語解説

生物学

分類　共通する特徴に基づいて生物をグループに分けること。　→p.18

界　生物を分類するときの最初の、一番大きな階級。　→p.18

種　交配して子をつくり、さらにその子も交配できる生物からなるグループ。　→p.18

脊椎動物　背骨をもつ動物。　→p.20

哺乳類　毛が生えていて、乳で子を育てる脊椎動物のグループ。哺乳類のほとんどは子を産む。　→p.20

無脊椎動物　背骨をもたない動物。　→p.21

被子植物　花に子房があり、種子をつくる植物。　→p.22

裸子植物　種子をつくるけれども、花に子房がない植物。　→p.22

胞子　シダ植物やコケ植物がつくる生殖細胞。　→p.23

細胞　生命の基本となる単位。細胞膜に囲まれ、さまざまな構造物を含む。　→p.24

核　細胞の中にある構造体。染色体を含む。→p.24

葉緑体　植物細胞の中にある構造体。クロロフィルを含む。　→p.25

クロロフィル（葉緑素）　葉緑体の中にある緑色の色素。光エネルギーを吸収して光合成を行う。　→p.25

組織　同じ種類の細胞が集まってできたつくり。　→p.26

上皮組織　体の表面をおおう組織。　→p.26

器官　組織が集まってできたつくり。特定のはたらきをする。心臓など。　→p.27

器官系　体の中で協力し合って特定のはたらきをする器官の集まり。消化器系など。　→p.27

体細胞分裂　染色体をひとそろいもつ細胞を2個つくる細胞分裂。　→p.28

減数分裂　染色体を半分しかもたない配偶子をつくる細胞分裂。　→p.29

配偶子　染色体の数がふつうの細胞の半分しかない生殖細胞。雄の配偶子と雌の配偶子が受精すると受精卵ができる。　→p.29

受精卵　雄の配偶子と雌の配偶子が受精してできる、新しい個体の細胞。　→p.29

ウイルス　生物と同じような特徴をいくつかもつ、とても単純な粒子。　→p.30

微生物　顕微鏡でしか見ることのできない小さな生物。多くは単細胞生物。　→p.30

細菌　核をもたない原核生物。　→p.31

原核生物　核をもたない細胞（原核細胞）でできた単細胞生物。細菌など。　→p.31

原生生物　核をもち、複雑なつくりの細胞でできた単細胞生物。原生動物や藻類など。　→p.31

原生動物　ほかの生物を消化して食べ物を得る原生生物。　→p.31

藻類　光合成で養分をつくる原生生物。海藻など。　→p.31

抗体　リンパ球でつくられるタンパク質。体内に入ってきた病原菌を攻撃し、無力化する。　→p.33

ワクチン　病原菌を害のない形にしたもの。ワクチンを注射すると抗体がつくられる。将来、この抗体をつくった経験が病原菌から身を守ってくれる。　→p.34

神経系　脳と神経からなる器官系。情報を伝えたり、情報に応答したりする。　→p.40

神経細胞　体中に情報を届ける神経細胞。ニューロンともいう。　→p.40

受容体　体の外からの情報を検出する神経の末端の細胞。　→p.42

消化酵素　消化液に含まれ、食べ物を分解する物質。　→p.44

グルコース（ブドウ糖） エネルギーをもたらす糖の一種。動物は食べ物から得て、植物は自分でつくる。 **➡p.45**

呼吸 細胞が養分からエネルギーを取り出すはたらき。多くの場合、酸素を取り込み、二酸化炭素を出す。 **➡p.47**

血管 動物の体中で血液を運ぶ管。 **➡p.48**

動脈 血液を心臓から体中に運ぶ血管。 **➡p.49**

静脈 血液を体中から心臓へ運ぶ血管。 **➡p.49**

有性生殖 雄と雌の配偶子が合体することによって起こる生殖のしくみ。 **➡p.50**

受精 雄の配偶子と雌の配偶子が合体して受精卵をつくること。 **➡p.50**

精子 動物の雄の配偶子。 **➡p.50**

卵 動物の雌の配偶子。 **➡p.50**

胚 受精卵が発生した初期の段階。 **➡p.51**

染色体 細胞の核の中にあり、遺伝情報を含むつくり。ヒトの細胞には46本の染色体がある。 **➡p.52**

DNA（デオキシリボ核酸） 細胞内で起こることや、生物のつくりやはたらきに関する、暗号化された設計図を含むとても長い分子。 **➡p.52**

遺伝子 生物の特徴を決める設計図。染色体に含まれる。ヒトには2万個以上の遺伝子がある。 **➡p.52**

光合成 植物が水と二酸化炭素から養分をつくる反応。光エネルギーを利用する。 **➡p.62**

蒸散 植物が葉から水蒸気を出す現象。蒸散をするほど根から水を吸い上げるようになる。 **➡p.62**

胚珠 受粉後、種子になるつくり。花をつける植物がもつ。 **➡p.66**

花粉 やくの中につくられる粉。花をつける植物がもつ。 **➡p.66**

受粉 めしべの柱頭に花粉がつくこと。 **➡p.66**

果実 受粉後、子房が成長してできるつくり。果実の中には種子がある。 **➡p.67**

クローン 親とまったく同じ遺伝子をもつ生物。 **➡p.69**

化石 土の中に数百万年埋もれて、石のようになった死んだ生物の体や痕跡。 **➡p.73**

絶滅 1つの種がすっかり滅びて絶えること。**➡p.75**

進化 長い時間をかけて、ある種が新しい種に変化すること。 **➡p.78**

自然選択 最もよく適応した個体の遺伝子が世代を超えて広がっていくこと。 **➡p.79**

適応 生物が長い時間をかけて変化して、すんでいる場所により適するようになること。 **➡p.84**

生態系 ある場所の生物群集と環境を合わせた全体。 **➡p.85**

生態的地位（ニッチ） ある種が生態系に占める地位。利用する資源の使い方などに注目する。**➡p.86**

生産者 自分で養分をつくる生物。植物など。**➡p.88**

化学

物質 ありとあらゆるものをつくる材料となるもの。さまざまな種類があり、固体、液体、気体の状態で存在する。 **➡p.98**

原子 物質のもとになる小さな粒子。 **➡p.104**

元素 物質の基本的な成分。 **➡p.104**

分子 2個以上の原子が結合したまとまり。1種類の元素からなる場合もあれば、複数の元素からなる場合もある。 **➡p.104**

化合物 2種類以上の元素が結合してできている物質。 **➡p.104**

結合 分子をつくる原子またはイオンの結びつき。 **➡p.104**

混合物 結合していない単体または化合物の集まり。 **➡p.105**

融点 物質の状態が固体から液体に変わるときの温度。 →p.109

沸点 物質の状態が液体から気体に変わるときの温度。 →p.109

性質 物質の外観やふるまい方（物理的性質）、反応のしかた（化学的性質）がある。 →p.112

溶解 物質が液体に溶けること。 →p.113

溶質 溶媒の中に溶けている物質。 →p.113

溶媒 物質を溶解する液体。 →p.113

溶液 液体に物質が溶けている混合物。 →p.113

蒸留 沸点の違いを利用し、溶液から純物質を取り出す方法。 →p.115

電気分解 液体の化合物に電流を流して分解する方法。 →p.118

原子核 陽子と中性子で構成された、原子の中心部。 →p.122

陽子 原子核に含まれる粒子。正の電荷をもつ。 →p.122

中性子 原子核に含まれる粒子。電荷をもたない。 →p.122

電子 原子核のまわりを回る小さな粒子。負の電荷をもつ。 →p.122

周期表 現在わかっている元素をすべて原子番号の順番に並べた一覧表。 →p.124

周期 周期表の横の並び。同じ周期を左から右にいくにつれて、原子に含まれる陽子、中性子、電子の数は多くなる。 →p.124

族 周期表の縦の並び。同じ族の元素はよく似た性質をもつことが多い。 →p.124

原子番号 ある元素の原子の原子核に含まれる陽子の数。 →p.124

元素記号 元素を表す1文字または2文字のアルファベットからなる記号。たとえば、ヘリウムはHe。 →p.124

質量数 ある元素の原子核にある陽子と中性子の数の合計。 →p.124

金属 電気や熱を伝えやすい元素。 →p.126

半金属 金属と非金属の性質をあわせもつ元素。 →p.127

非金属 金属とは違う性質をもつ元素。 →p.127

イオン 電子を失うかもらうかして、正または負の電荷をもつ原子。 →p.131

イオン結合 原子と原子の間で電子を渡したり、もらったりすることによってできる結合。 →p.130

結晶 固体の中で原子、分子、イオンが規則正しく繰り返し並んでいる状態。 →p.131

共有結合 原子と原子が電子を共有する結合。 →p.131

結晶格子 固体の中で原子、分子、イオンがつくる、規則正しい立体的な並び。金属などで見られる。 →p.132

放射線 物質から放たれた粒子や電磁波。すべての放射線が有害なわけではない。 →p.135

放射能 放射線を出す能力。 →p.135

アルファ線 陽子2個と中性子2個でできた粒子。放射線の一種。 →p.135

化学反応 結合を壊したりつくったりして反応物を生成物に変える反応。 →p.140

反応物 化学反応する物質。 →p.140

生成物 化学反応でつくられる物質。 →p.140

副生成物 反応の結果できる、主ではない、または目的ではない生成物。 →p.140

発熱反応 熱をほとんど取り込まず、大量に熱を放出する反応。 →p.141

吸熱反応 熱を大量に取り込み、ほとんど熱を放出しない反応。 →p.141

活性化エネルギー 化学反応が進むために必要な最小のエネルギー。 →p.142

触媒　反応速度を上げるけれどもそれ自体は変化しない物質。　➡p.142

化学反応式　化学反応の反応物と生成物を化学式で書き表した式。　➡p.144

置換反応　化合物の中の原子が別の原子に置き換わる反応。　➡p.146

分解　化合物が壊れて小さな化合物や原子に変わる反応。　➡p.147

可逆反応　逆向きにも起こることのできる反応。つまり、生成物が反応物に変わることがある。温度や圧力が変わると起こることが多い。　➡p.147

酸化還元反応　一方の反応物が酸化して、もう一方の反応物が還元する反応。　➡p.148

酸化　反応物が電子を失うこと。　➡p.148

還元　反応物が電子を得ること。　➡p.148

燃焼　空気中で物質が燃えること。　➡p.149

酸　水に溶解すると水素イオン（H^+）を出す物質。　➡p.150

塩基　水に溶解すると水酸化物イオン（OH^-）を出す物質。　➡p.150

アルカリ　水に溶ける塩基。　➡p.150

中和　酸と塩基が反応して塩をつくる反応。➡p.150

pH　酸または塩基の強さを表す数値。最も強い酸はpH0、強い塩基はpH14、中性の物質はpH7。　➡p.151

指示薬　酸または塩基と混ぜると決まった色に変わる薬品。　➡p.151

重合　重合体（小さな分子がくり返しつながった化合物）をつくる反応。　➡p.154

合金　2種類以上の金属でできた混合物。または金属と非金属の混合物。　➡p.161

温室効果　熱が出ていくのを防ぐ温室効果ガスが地球の平均気温を上げるはたらき。　➡p.176

物理学

速さ　移動距離をかかった時間で割った値。➡p.200

速度　ものの動いている方向と速さの値。➡p.200

加速度　1秒あたりの速度の変化の値。➡p.200

運動量　ものの質量と速度を掛け合わせた値。　➡p.202

力　押したり引いたりして、物体の運動や形を変えるもの。単位はニュートン（N）。　➡p.204

摩擦力　こすれ合う2つのものの間に生じる力。　➡p.205

慣性　ものが運動の状態を維持しようとする性質。　➡p.206

仕事　力の大きさと動かす距離を掛け合わせた値。　➡p.208

重力　地球がものを下向きに引っ張る力。　➡p.210

質量　ものをつくっている物質そのものの量。　➡p.211

重量　ものにはたらく重力の大きさ。　➡p.211

重心　ものに地球の重力がはたらく想像上の1点。　➡p.214

圧力　一定の面積にかかる力の大きさ。　➡p.216

密度　質量を体積で割った値。　➡p.218

エネルギー　仕事をする能力。　➡p.222

運動エネルギー　運動しているものがもつエネルギー。　➡p.222

位置エネルギー　高い位置にあるものがもつエネルギー。　➡p.222

仕事率　一定の時間になされた仕事の大きさ。　➡p.226

温度　ものの熱さの度合い。摂氏（℃）、華氏（℉）、ケルビン（K）の単位で表される。➡p.228

伝導　高温の分子が低温の分子にぶつかって、熱を伝える現象。　➡p.230

対流　分子の移動によって熱が伝えられる現象。
➡p.230

蒸発　液体の表面で、液体が気体に変わる現象。
➡p.231

媒質　エネルギーの波などを通す物質。　➡p.232

振動　ものが上下や前後に揺れること。　➡p.232

波　波は、媒質を振動させることによって、エネルギーを高エネルギーの場所から低エネルギーの場所へと運ぶ。
➡p.232

振幅　音の横波の波の高さ。音では、その大きさにかかわる。
➡p.233

振動数　1秒間にある1点を通過する波の数。音では、その高さにかかわる。
➡p.233

電磁波　電気的・磁気的な振動が伝わるときの波。
➡p.234

光速　真空では、光は宇宙最速の約300,000,000m/s（30万km/s）で進む。
➡p.234

反射　光がものの表面に当たって跳ね返ること。
➡p.238

屈折　光が、ある媒質から別の媒質へと移動するときに方向を変えること。
➡p.240

レンズ　光を屈折させる湾曲した面を少なくとも1か所はもつ透明な物質。ものがよく見えるようにするために使われることが多い。
➡p.241

凹レンズ　少なくとも1か所は内側にへこんだ面があるレンズ。
➡p.241

凸レンズ　少なくとも1か所は外側にふくらんだ面があるレンズ。
➡p.241

超音波　人の耳には聞こえない高周波。　➡p.242

静電気　物質にたまって流れない電気。　➡p.248

電流　導体内の電子の流れ。　➡p.250

電圧　電流を流そうとするはたらきの大きさを表す量。
➡p.251

抵抗　電流の流れにくさを表す量。　➡p.252

直流（DC）　一方向にのみ流れる電流。電池で供給される。
➡p.251

交流（AC）　向きが周期的に変わる電流。広く使用されている。
➡p.251

回路　電流が流れる道筋。　➡p.252

磁極　磁力が集中する磁石のN極とS極。　➡p.256

磁場（磁界）　磁力のはたらく空間。　➡p.257

電磁石　電流が流れているときだけ磁気が生じるもの。
➡p.259

地軸　惑星などが、それを中心にして回転する想像上の直線。
➡p.263

太陽系　太陽とそのまわりを回る惑星。　➡p.266

謝辞と出典一覧

Every effort has been made to trace and acknowledge ownership of copyright. If any rights have been omitted, the publishers offer to rectify this in any future editions following notification. The publishers are grateful to the following individuals and organizations for their permission to reproduce material on the following pages (t=top〔上〕, b=bottom〔下〕, l=left〔左〕, r=right〔右〕, m=middle〔中〕)

p10 © Visuals Unlimited/Corbis; **p11** Art Wolfe/Science Photo Library (SPL); **p17** GK Hart/Vikki Hart; **p22** © Kevin Schafer/Corbis; **p23** Hans Eggensberger; **p25** John Durham/SPL; **p26** Steve Gschmeissner/SPL; **p27** © Jupiterimages/Brand X/Corbis; **p29** David Barlow Photography/Artem Model; **p30** James Cavallini/SPL; **p32** Lee D. Simon/SPL; **p46** James Stevenson/SPL; **p48** SPL; **p50** D. Phillips/SPL; **p60** Winfried Wisniewski/FLPA; **p61** © Phil Degginger/Alamy; **p62** © Frans Lanting/Corbis; **p64** © Nick Garbutt/naturepl.com; **p65** (t) Steve Gschmeissner/SPL; (b) © Hiromitsu Watanabe/amanaimages/Corbis; **p68** © Phillippe Clement/naturepl.com; **p72** John Reader/SPL; **p73** (t) © Layne Kennedy/Corbis; (b) © Lester V. Bergman/Corbis; **p84** © Sally A. Morgan; Ecoscene/Corbis; **p87** © Norbert Wu/Minden Pictures/FLPA; **p90** © Steven David Miller/naturepl.com; **p91** (t) © Tom Mangelsen/naturepl.com; (b) © Suzi Eszterhas/Minden Pictures/FLPA; **p110** Charles D. Winters/SPL; **p117** Charles D. Winters/SPL; **p159** © Robert Malone/Alamy; **p166** © Thom Lang/Corbis; **p167** (bl) SPL; (br) Stefan Diller/SPL; **p174** Millard H. Sharp/SPL; **p176** © Weatherstock/Corbis; **p177** © Stephen Frink/Corbis; **p178** © Nick Greaves/Alamy; **p187** (tr) Keith Kent/SPL; (m) Allan Morton/Dennis Milon/SPL; **p197** Maximilien Brice, CERN; **p215** Hiroyuki Matsumoto/Getty; **p219** © Sylvia Cordaiy Photo Library Ltd/Alamy; **p224** © Bernd Mellmann/Alamy; **p225** (t) © Marco Cristofori/Corbis; (b) Philip and Karen Smith/Getty; **p232** © John Lund/Corbis; **p235** Ted Kinsman/SPL; **p237** Pasieka/SPL; **p240** Erich Schrempp/SPL; **p244** courtesy of Alex and Emily Frith; **p248** Jean-loup Charmet/SPL; **p257** Cordelia Molloy/SPL; **p262** NASA/ESA/STSCI/Hubble Heritage Team/SPL; **p263** European Space Agency/SPL; **p264** (tl) NASA/SPL; (bl) NASA/SPL; (bm) Thierry Legault/Eurelios/SPL

What's Science all about?
Copyright © 2012, 2010 Usborne Publishing Ltd.
Japanese translation rights arranged with
USBORNE PUBLISHING LIMITED
through Japan UNI Agency, Inc., Tokyo

日本語版監修者　紹介

左巻健男　さまきたけお

1949年生。東京大学講師(理科教育法)。『Rika Tan(理科の探検)』誌編集長。東京大学教育学部付属中・高等学校教諭、京都工芸繊維大学教授、同志社女子大学教授、法政大学生命科学部環境応用化学科教授、法政大学教職課程センター教授などを歴任。理科教育(科学教育)、科学リテラシーの育成を専門とする。
著書に、『暮らしの中のニセ科学』平凡社新書、『面白くて眠れなくなる物理』『面白くて眠れなくなる化学』『面白くて眠れなくなる地学』『面白くて眠れなくなる元素』『面白くて眠れなくなる人類進化』『面白くて眠れなくなる物理パズル』以上PHP研究所、『図解　身近にあふれる「科学」が3時間でわかる本』『図解　身近にあふれる「生き物」が3時間でわかる本』『図解 もっと身近にあふれる「科学」が3時間でわかる本』以上明日香出版社など多数。
ブログ：http://samakita.hatenablog.com/
メールアドレス：Samakita@nifty.com

もっと知りたい科学入門
すごく面白くてとてもよくわかる生物・化学・物理

2019 年 7 月 11 日　第 1 刷発行

著　者	アレックス・フリス　ヘイゼル・マスケル　リサ・ジェーン・ジルスピー　ケイト・デイヴィス
絵	アダム・ラーカム
日本語版監修者	左巻健男
発行者	千石雅仁
発行所	東京書籍株式会社 〒 114-8524　東京都北区堀船 2-17-1
電　話	03-5390-7531（営業）　03-5390-7500（編集）
編集協力	冬木裕
翻　訳	伊藤伸子
翻訳協力	小川浩一
翻訳協力・DTP	株式会社トランネット http://www.trannet.co.jp/
デザイン・DTP	川端俊弘（WOOD HOUSE DESIGN）
印刷・製本	株式会社シナノ・パブリッシング・プレス

ISBN978-4-487- 81045-1 C0040
Copyright © 2019 by SAMAKI Takeo
All rights reserved.
Printed in Japan

出版情報　https://www.tokyo-shoseki.co.jp/
禁無断転載。乱丁・落丁の場合はお取り替えいたします。